Fatima Madi Arous

Ecoulement turbulent abordant une cavité bidimensionnelle

Fatima Madi Arous

Ecoulement turbulent abordant une cavité bidimensionnelle

Interaction Fluide Structure

Presses Académiques Francophones

Impressum / Mentions légales

Bibliografische Information der Deutschen Nationalbibliothek: Die Deutsche Nationalbibliothek verzeichnet diese Publikation in der Deutschen Nationalbibliografie; detaillierte bibliografische Daten sind im Internet über http://dnb.d-nb.de abrufbar.
Alle in diesem Buch genannten Marken und Produktnamen unterliegen warenzeichen-, marken- oder patentrechtlichem Schutz bzw. sind Warenzeichen oder eingetragene Warenzeichen der jeweiligen Inhaber. Die Wiedergabe von Marken, Produktnamen, Gebrauchsnamen, Handelsnamen, Warenbezeichnungen u.s.w. in diesem Werk berechtigt auch ohne besondere Kennzeichnung nicht zu der Annahme, dass solche Namen im Sinne der Warenzeichen- und Markenschutzgesetzgebung als frei zu betrachten wären und daher von jedermann benutzt werden dürften.

Information bibliographique publiée par la Deutsche Nationalbibliothek: La Deutsche Nationalbibliothek inscrit cette publication à la Deutsche Nationalbibliografie; des données bibliographiques détaillées sont disponibles sur internet à l'adresse http://dnb.d-nb.de.
Toutes marques et noms de produits mentionnés dans ce livre demeurent sous la protection des marques, des marques déposées et des brevets, et sont des marques ou des marques déposées de leurs détenteurs respectifs. L'utilisation des marques, noms de produits, noms communs, noms commerciaux, descriptions de produits, etc, même sans qu'ils soient mentionnés de façon particulière dans ce livre ne signifie en aucune façon que ces noms peuvent être utilisés sans restriction à l'égard de la législation pour la protection des marques et des marques déposées et pourraient donc être utilisés par quiconque.

Coverbild / Photo de couverture: www.ingimage.com

Verlag / Editeur:
Presses Académiques Francophones
ist ein Imprint der / est une marque déposée de
OmniScriptum GmbH & Co. KG
Heinrich-Böcking-Str. 6-8, 66121 Saarbrücken, Deutschland / Allemagne
Email: info@presses-academiques.com

Herstellung: siehe letzte Seite /
Impression: voir la dernière page
ISBN: 978-3-8381-4063-6

Sommaire

ii

iii

Liste des figures

viii

Nomenclature

Notations latines

AR	Rapport d'aspect de la cavité (AR=L/H)	
b	Hauteur de la buse de sortie du jet	(m)
C_f	Coefficient de frottement	
C_p	Coefficient de pression	
H	Profondeur de la cavité	(m)
k	Énergie cinétique turbulente	(m^2s^{-2})
L	Longueur de la cavité	(m)
P	Pression statique	(Pa)
Re	Nombre de Reynolds	
Re_t	Nombre de Reynolds turbulent	
R_{ij}	Tenseur des tensions de Reynolds	
I	Intensité de turbulence	
U	Composante longitudinale de la vitesse moyenne	(ms^{-1})
U_0	Vitesse d'entrée	(ms^{-1})
U_{max}	Vitesse maximale locale	(ms^{-1})
$\tilde{U}$	Composante longitudinale de la vitesse instantanée	(ms^{-1})
u	Fluctuation de la vitesse longitudinale	(ms^{-1})
V	Composante verticale de la vitesse moyenne	(ms^{-1})
$\tilde{V}$	Composante verticale de la vitesse instantanée	(ms^{-1})
v	Fluctuation de la vitesse verticale	(ms^{-1})
W	Largeur de la cavité	(m)
x	Coordonnée longitudinale	(m)
x_R	Longueur de recollement	(m)
y	Coordonnée verticale	(m)
$y_{1/2}$	Coordonnée verticale où $U=\frac{1}{2}U_{max}$	(m)

Notations Greques

δ_{ij}	Symbole de Kronecker	
Φ	Variable généralisée	
Γ	Coefficient d'échange	
ν	Viscosité cinématique du fluide	(m^2s^{-1})
ν_t	Viscosité cinématique turbulente du fluide	(m^2s^{-1})
ρ	Densité du fluide	(kgm^{-3})
δ	Épaisseur de la couche limite	(m)
τ_w	Contrainte à la paroi	$(kgms^{-2)}$
ε	Taux de dissipation de l'énergie cinétique turbulente	(m^2s^{-3})
ω	Taux spécifique de dissipation de l'énergie cinétique turbulente	(s^{-1})
θ	Épaisseur de quantité de mouvement	(m)

Remerciements

Je tiens d'abord à exprimer ma profonde gratitude à Madame Mataoui Amina, Professeur à l'Université des Sciences et de la Technologie Houari Boumediene, pour la confiance qu'elle m'a témoignée en acceptant de diriger cette thèse. Je tiens à la remercier également de m'avoir encouragée, et pour avoir suivi ce travail tout en me laissant une grande liberté d'action.

Je tiens à exprimer mes sincères remerciements à Monsieur Salem Abdelaziz, professeur à l'Université des Sciences et de la Technologie Houari Boumediene, de m'avoir fait l'honneur d'accepter la présidence du jury. Qu'il trouve ici le témoignage de ma profonde estime.

Monsieur Benabid Tahar, Professeur à l'Université des Sciences et de la Technologie Houari Boumediene, m'a fait l'honneur de juger ce travail. Qu'il me soit permis de lui exprimer ma sincère reconnaissance.
J'adresse mes sincères remerciements à Monsieur Nemouchi Zoubir, Professeur à l'Université Mentouri de Constantine, d'avoir accepté d'examiner ce travail malgré ses nombreuses occupations.

Mes remerciements les plus sincères s'adressent également à Monsieur Ouibrahim Ahmed, Professeur à L'Université Mouloud Mammeri de Tizi Ouzou, pour avoir accepté de juger ce travail.

J'adresse ma profonde gratitude à Monsieur Zeraibi Noureddine, Professeur à l'Université M'hamed Bougara de Boumerdes, pour m'avoir fait l'honneur de faire partie du jury de cette thèse.

Les nombreuses discussions que j'ai eues avec Monsieur Souidi Ferhat, Professeur à l'Université des Sciences et de la Technologie Houari Boumediene, ont été d'un apport considérable à la rédaction des publications. Je tiens à lui adresser ma profonde gratitude.

Introduction générale

Malgré la simplicité de la géométrie, l'écoulement de cavité reste très complexe et peut engendrer d'importants phénomènes physiques comme le phénomène d'oscillation ainsi que celui du rayonnement sonore. Ce sont ces deux phénomènes qui ont fait l'objet de la plus grande partie des recherches depuis plus d'une cinquantaine d'années. Toutefois, l'écoulement de cavité reste encore difficile à cerner car il dépend de plusieurs paramètres tels que le rapport de la longueur sur la largeur de la cavité et le rapport de sa longueur sur sa profondeur. L'écoulement de cavité est également très sensible aux caractéristiques de l'écoulement incident. Plusieurs paramètres de l'écoulement incident ont été examinés par de nombreux travaux de recherches antérieures. Dans la continuité de ces investigations, la présente étude s'intéresse à l'influence de la nature de l'écoulement amont sur la dynamique de l'écoulement de cavité. Deux différents écoulements entrants ont été considérés : l'écoulement de couche limite et celui du jet plan pariétal. Ces deux configurations sont rencontrées dans différents domaines pratiques comme le transport, l'environnement et l'industrie. De plus, le jet pariétal est très intéressant du fait qu'il peut être considéré comme un écoulement de cisaillement à deux couches : une couche interne pariétale similaire à une couche limite et une couche externe qui ressemble à celle d'un jet libre. Cette couche externe est le siège d'importantes structures turbulentes. Cette couche est également caractérisée par une forte énergie turbulente. Il serait donc intéressant d'examiner l'influence de cette couche externe sur l'évolution de la structure de l'écoulement de cavité, particulièrement sur le processus de recollement.

Organisation du mémoire

Ce mémoire comporte quatre chapitres suivant une introduction générale.

Dans le premier chapitre, Nous présentons une synthèse bibliographique sur les écoulements de cavité. Nous commençons cette synthèse par une description des mécanismes physiques mis en jeu ; nous évoquons par la suite les différents paramètres qui influencent ce type d'écoulement.

Le deuxième chapitre synthétise les différentes méthodes de modélisation de la turbulence. Une description détaillée des modèles de turbulence utilisés dans la présente étude est présentée dans ce chapitre.

Dans le troisième chapitre, nous décrivons la technique numérique adoptée dans notre travail, le schéma d'interpolation, le maillage et les conditions aux limites.

Le quatrième chapitre est consacré à la présentation et la discussion des résultats numériques de la présente étude. Il est structuré en trois parties :

La première partie est une étude préliminaire, effectuée dans le but de valider les modèles de turbulence utilisés et la procédure numérique adoptée dans notre travail.

La deuxième partie est consacrée à l'étude de l'écoulement de cavités avec différents rapports d'aspect (AR=1, 6, 8, 10, 12 et 14) sous l'incidence de deux types d'écoulements : l'écoulement de couche limite et celui du jet plan pariétal.

Dans la troisième partie, nous présentons une étude détaillée du cas particulier de la cavité de rapport d'aspect égal à 10. L'influence des caractéristiques de l'écoulement incident sur l'écoulement de la cavité et sur le phénomène de recollement est présentée en détail dans cette partie.

L'influence du nombre de Reynolds et celle de l'intensité de turbulence, dans le cas de l'écoulement incident de couche limite, sont présentées. La comparaison de la structure de l'écoulement issue de l'interaction couche limite – cavité à celle issue de l'interaction jet plan pariétal – cavité est détaillée dans cette partie. L'influence du rapport de la profondeur de la cavité sur l'épaisseur de la buse de sortie du jet est également examinée dans cette étude.

La conclusion générale synthétise les prévisions numériques obtenues et suggère les perspectives futures.

Chapitre I

Cavité sous un écoulement affleurant
État de l'art

I-1 Introduction

La cavité est une configuration qui demeure depuis plusieurs années l'objet d'un grand intérêt dans le domaine de la mécanique des fluides. Malgré la simplicité de la géométrie, la cavité est le siège d'écoulement à recirculation.

L'écoulement de cavité est rencontré dans plusieurs domaines pratiques tel que :

➢ L'hydraulique : coursiers en marche d'escalier (Gonzalez & Chanson, 2004), cavités formées par les digues ou les barrages (Miles & Lee, 1973)… etc.

➢ L'énergie : cavités formées par les paravents protégeant les collecteurs solaires (Zdanski & al., 2003).

➢ L'industrie : cavités formées par les différents étages d'un compresseur ou d'une chambre de combustion (Keller & al., 1981) ou encore les jonctions des tuyauteries (Bruggeman, 1987).

➢ L'environnement : dispersion des polluants par la circulation d'air entre les bâtiments dans les villes (Vardoulakis & al., 2003 ; Glockner, 2000 ; KyoungSik & al., 2005).

➢ Le transport terrestre: toits ouvrants et fenêtres de véhicules (Henderson, 2000), cavités des joints de pare-brise (Moon & al., 2000, Moon & al., 2003), césures entre les wagons de trains et baignoires du pantographe des TGV (Noger, 1999).

➢ L'aéronautique : trains d'atterrissage des avions (Roshko, 1955 ; Rossiter, 1966 ; Crook & al., 2007).

➢ L'aéro-optique : Fenêtres optiques pour les lasers ou les instruments optiques (Shen, 1979 ; Deron & al., 1993).

Une cavité sous un écoulement affleurant peut engendrer des phénomènes très complexes liés essentiellement à l'instabilité de la couche de cisaillement qui se développe à partir du bord amont, entre le fluide initialement au repos à l'intérieur de la cavité et l'écoulement incident. Cette couche de cisaillement est le siège d'importantes structures tourbillonnaires dont la taille peut augmenter à mesure qu'elles soient entrainées vers l'aval par l'écoulement.

L'écoulement de cavité est souvent le siège d'importantes fluctuations de pression, de vitesse ou de masse volumique dans son voisinage et présente une importante source de nuisance sonore que beaucoup d'industriels cherchent à supprimer (Sarohia & Massier, 1977 ; Vakili & Gauthier, 1994; Cattafesta et al., 2003,Rockwell & al., 2003 ; Lafon & al., 2003 ; Oshkai & al., 200 ; Levasseur & al., 2008…). Sous certaines conditions, des oscillations auto-entretenues s'installent dans la cavité et sont parfois à l'origine de pics intenses dans le spectre (Gloerfelt, 2001). Ces oscillations peuvent rentrer en résonnance avec des modes de structure conduisant à l'endommagement de l'appareillage (Illy, 2005).

La variété des applications et la complexité des phénomènes liés aux écoulements de cavité ont motivé depuis plus d'un demi siècle de nombreuses études expérimentales (Roshko, 1955 ; Gibson, 1958 ; Mall & East, 1963 ; Rossiter, 1964 ; Forestier, 2005), théoriques (Lighthill, 1952 ; Lighthill, 1954…) et plus récemment numériques (Ooi & al., 1998 ; Labbé, 1998 ; Colonius & al., 1999 ; Yao & al., 2000 ; Larcheveque & al., 2001 ; Zdanski & al., 2006 ; Larcheveque & al., 2003 ; Marsden & al., 2003 ; KyoungSik & al., 2005 ; Ashcroft & Zhang, 2005 ; Alammar, 2006 ; Levasseur & al., 2008 …).

Les premières études expérimentales ont été réalisées dans le domaine de l'aéronautique dans les années cinquante, toujours dans le domaine de l'aéronautique, après avoir constaté que les soutes à bombes des avions militaires provoquaient des fluctuations qui souvent étaient transmises à la structure de l'avion (Lighthill, 1952 ; Curle, 1953 ; Roshko, 1955 ; Karamechti, 1955 ; Curle, 1955 ; Gibson, 1958). Ces expériences ont montré que les fluctuations observées peuvent

4

contribuer à près de 30% de la trainée totale de l'appareil. Les cavités étudiées dans ce cadre, sont rectangulaires, de grandes dimensions et peu profondes. Les écoulements examinés sont nettement subsoniques ou supersoniques. La nécessité d'étudier des écoulements de cavité avec des vitesses plus faibles apparaît dans les années soixante dix, toujours dans le domaine de l'aéronautique, après avoir constaté que les cavités recevant les trains d'atterrissage des avions étaient une source importante de bruit lors du décollage et de l'atterrissage (Heller & Bliss, 1975 ; Block, 1976 ; Heller & Dobrzynski, 1977 ; Elder, 1978 ; Farassat, 1977 ; Ffowc, 1970 ; Guj & al., 2004). L'interdépendance des champs aérodynamique et acoustique (domaine aéroacoustique) a fait l'objet du plus grand nombre d'études. Celles-ci ont montré que les oscillations des structures qui peuvent apparaître dans ce type de configurations sont souvent accompagnées d'un rayonnement sonore intense.

I-2 Observations expérimentales - Structure de l'écoulement moyen

L'une des premières études expérimentales a été réalisée par Roshko en 1955. Ses expériences sont basées sur des mesures de pressions pariétales pour des cavités de rapports d'aspect allant de 0.5 jusqu'à 62.5 et pour des vitesses d'écoulement variant de 22.86 m/s à 64 m/s (rapport d'aspect : AR= Longueur/ Profondeur de la cavité). Les résultats de ces expériences révèlent une chute de pression juste derrière le bord amont suivie d'une rapide ré-augmentation le long du fond de la cavité. Les plus grandes pressions sont enregistrées dans les cavités peu profondes. Ces expériences montrent aussi que l'écoulement dans la cavité de rapport d'aspect égal à l'unité s'enroule en un seul tourbillon. Des recirculations secondaires de petites dimensions sont observées aussi au niveau des coins inférieurs de la cavité.

Les premières expériences qui ont retrouvé la structure de l'écoulement dans une cavité parallélépipédique sont celles de Taneda, effectuées en 1935 mais qui n'ont été publiées qu'en 1979. Ces expériences reposent sur une technique de visualisation basée sur la suspension de la poudre d'aluminium dans un écoulement laminaire de glycérine. Les cavités utilisées ont une profondeur constante de 1cm et une longueur

5

variable. Ces observations illustrent la structure de l'écoulement de la cavité carrée mise en évidence par Roshko et montrent que l'augmentation du rapport d'aspect de la cavité provoque un étirement du tourbillon principal jusqu'à sa division en deux zones de recirculation. La cavité de rapport d'aspect égal à ½ est caractérisée par la présence d'un tourbillon principal, occupant la partie supérieure de la cavité alors que la partie inférieure est le siège de petites recirculations (Figure 1.1).

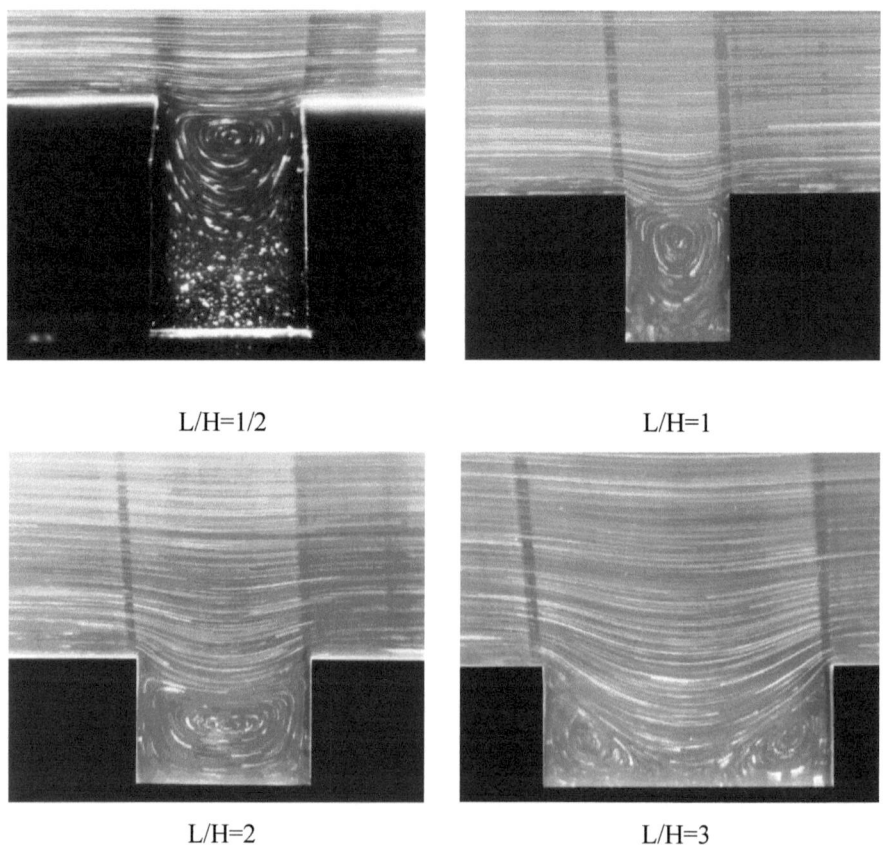

L/H=1/2   L/H=1

L/H=2   L/H=3

Figure I.1. Structure de l'écoulement
pour différents rapports d'aspect de la cavité
(Taneda 1979)

Les expériences de visualisation de Neary et Stephanoff (1987) révèlent que l'augmentation du rapport d'aspect de la cavité conduit très vite à l'apparition d'une structure plus complexe de l'écoulement par la formation de plusieurs zones de recirculation comme l'illustre la Figure I.2.

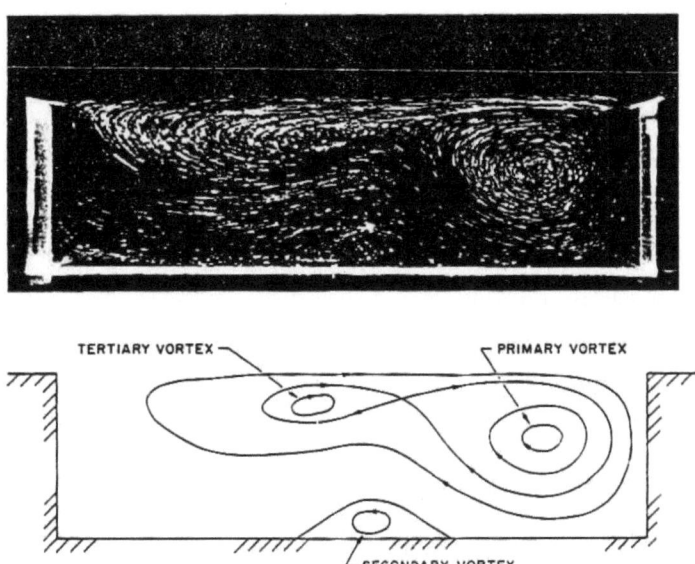

Figure I.2. Structure de l'écoulement d'une cavité de rapport d'aspect égal à 3.5
(Neary et Stephanoff 1987)

1-3 Terminologie et Classification des écoulements de cavité

Les nombreuses études antérieures montrent que l'écoulement de cavité est sensible à plusieurs paramètres tels que les dimensions de la cavité, le régime de l'écoulement, l'épaisseur et la nature de la couche limite amont, l'épaisseur de la quantité de mouvement amont, l'intensité de turbulence, le nombre de Mach et le nombre de Reynolds.

I-3.1 Influence des dimensions de la cavité

Une première classification des écoulements de cavité est basée sur les rapports géométriques comme le rapport de la longueur/largeur (L/W) ou celui de la longueur sur la profondeur (L/H) de la cavité.

I-3.1.1 Influence de la largeur de la cavité

Les recherches de Block et al. (1976) et ceux d'Ahuja et Mendoza (1995) montrent que la largeur de la cavité détermine, pour une bonne part, l'aspect bidimensionnel ou tridimensionnel de l'écoulement de cavité. Un écoulement de cavité bidimensionnel est uniforme sur toute la largeur de la cavité avec une couche de cisaillement cohérente s'étalant sur toute la largeur alors qu'un écoulement de cavité tridimensionnel ne possède pas ces caractéristiques (Ahuja et Mendoza 1995). Ces mêmes expériences révèlent que l'écoulement possède des caractéristiques bidimensionnelles pour des rapports de longueur sur largeur de cavité inférieurs à l'unité (L/W<1). Pour des rapports L/W>1, l'écoulement connaît des caractéristiques tridimensionnelles. Leurs observations, concernant le spectre du rayonnement acoustique, montrent que les fréquences d'oscillation semblent ne pas être affectées par la variation du rapport L/W quoique le transfert d'énergie des grosses structures contenues dans la couche de cisaillement vers les petites structures soit important lorsqu'il s'agit de structures cohérentes, ce qui est le cas des cavités 2D, mais moins celui des cavités 3D. Il semble que les cavités 3D produisent un bruit moins intense de 15 dB. Gloerfelt et al. (2003) ont examiné l'influence de la largeur de la cavité sur le bruit rayonné par une simulation aéroacoustique directe afin de quantifier l'importance des effets tridimensionnels. Les résultats de ce calcul montrent que les tourbillons générés par la cavité 3D (L/W = 1.28) prennent très vite une allure arquée en raison de la présence des parois latérales et deviennent de plus en plus tridimensionnels à l'approche du bord aval. L'interaction avec ces parois provoque l'apparition de structures longitudinales dans l'écoulement ; celles-ci sont associées à une instabilité secondaire dans la troisième direction. Les structures secondaires longitudinales sont plus nombreuses dans le cas de la cavité 2D (L/W = 0.5) que pour la cavité 3D. Une analyse de la turbulence montre que les profils des intensités turbulentes pour les deux cavités sont très similaires, avec des niveaux légèrement supérieurs pour la cavité 2D. Ces résultats coïncident avec ceux de Ahuja et Mendoza (1995) qui constatent que la cohérence des oscillations est plus importante pour une cavité bidimensionnelle (L/W<1) que pour une cavité tridimensionnelle (L/W>1). Gloerfelt et al (2003) constatent aussi que la cavité bidimensionnelle est caractérisée par une plus forte cohérence des oscillations de la couche de cisaillement comparée à celles de la cavité tridimensionnelle; une réduction des niveaux acoustiques a été observée dans le cas de la cavité 3D. Les mêmes constatations ont été révélées par les expériences de Block et al. (1976), qui ont remarqué que la diminution de la largeur de la cavité conduit à une génération d'un bruit plus intense. De même, les observations expérimentales de Chung (1999) montrent que pour un même rapport d'aspect (longueur/profondeur), la cavité 3D (L/W>1) induit un gradient de pression plus élevé à proximité du bord de fuite que celui enregistré dans le cas d'une cavité 2D (L/W<1). La cavité 3D est caractérisée par la présence d'un tourbillon plus volumineux. Les expériences de Plentovich et al. (1993) révèlent que lorsque la largeur de la cavité diminue, la distribution des pressions sur le fond de la cavité évolue vers celle d'une cavité fermée avec un grand rapport d'aspect.

I-3.1.2 Influence de la longueur de la cavité

Les expériences de Sarohia (1975), pour des écoulements laminaires, montrent que le bord aval da la cavité provoque une amplification des oscillations qui peuvent se développer dans la couche de cisaillement. L'objectif de ces recherches est de déterminer les conditions d'apparition des oscillations dans la cavité. Les résultats de ces expériences montrent que pour une vitesse U_0 et une épaisseur de couche limite δ_0 au niveau du bord d'attaque, les oscillations ne peuvent se développer qu'au-delà d'une longueur minimale L_{min}. Cette longueur, adimensionnée par l'épaisseur de couche limite δ_0 et par le nombre de Reynolds $R_{e_{\delta_0}}$, est indépendante de la profondeur H de la cavité pour des valeurs de $H \geq 2\delta_0$. La Figure I.3 montre que pour des valeurs $\dfrac{L_{min}}{\delta_0}\sqrt{Re_{\delta_0}} \leq 290$ aucune oscillation n'apparait dans la cavité.

Ces expériences ont également mis en évidence une transition laminaire/turbulente de la couche cisaillée par la présence d'oscillations de grande amplitude dans les cavités de longueur inférieure à une valeur maximale L_{max}. Il a été observé que la couche de cisaillement ne s'enroule pas en tourbillons dans les cavités de longueurs $L/\theta_0 > 100$; θ_0 étant l'épaisseur de quantité de mouvement au niveau du bord amont de la cavité.

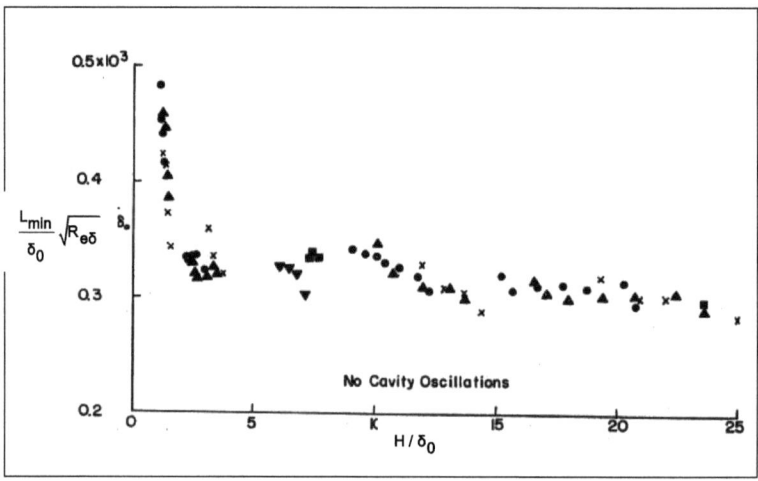

Figure I.3 : Influence de la longueur de la cavité sur l'apparition des oscillations (Sarohia, 1975)

De nombreuses observations expérimentales (Roshko 1955, Ahuja & al. 1995, Shvets 2003) révèlent que la structure de l'écoulement dans la cavité dépend en grande partie de son rapport d'aspect (longueur/profondeur). Les écoulements de cavité peuvent alors être regroupés en deux grandes catégories: les cavités profondes et les cavités peu profondes.

a) Les cavités profondes

Maull et East (1963) ont utilisé une technique d'enduit des surfaces pour visualiser l'écoulement dans des cavités de différents rapports d'aspect. Ces expériences révèlent que la structure de l'écoulement d'une cavité profonde est caractérisée par la superposition de plusieurs cellules tourbillonnaires contrarotatives. Rossiter (1966) a observé cette structure multicellulaire dans des cavités de rapports d'aspect allant jusqu'à 4 pour des écoulements subsoniques et transsoniques. Alors que, les expériences de Sarohia (1975) montrent que, dans le cas d'écoulements faiblement subsoniques avec des conditions d'entrée laminaires, la limite qui sépare l'apparition d'une structure de cavité profonde de celle d'une cavité peu profonde est l'unité (AR = 1). Les expériences de visualisations effectuées par Faure et al. (2007), dans deux plans verticaux transversaux (Z=0 et Z=30mm) parallèles au plan de l'écoulement amont, mettent en évidence cette structure multicellulaire pour un écoulement incident en régime laminaire comme le montre la Figure I.4. Transversalement, on observe pratiquement la même structure d'où la nature bidimensionnelle de l'écoulement.

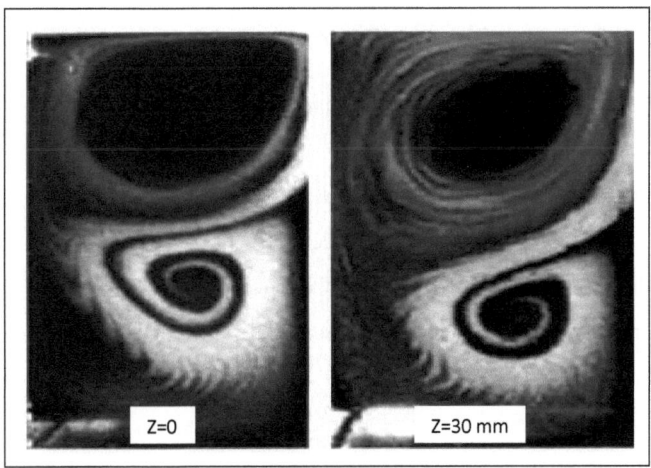

Figure 1.4. Superposition de cellules en cavité profonde (L/H=0.5)
Faure (2007)

11

b) Les cavités peu profondes

L'augmentation du rapport d'aspect conduit à la pénétration de la couche de cisaillement à l'intérieur de la cavité donnant ainsi naissance à une structure d'écoulement plus complexe avec l'apparition de plusieurs zones de recirculation. Une description qualitative de la structure de l'écoulement moyen des cavités peu profondes est détaillée dans la Figure I.5.

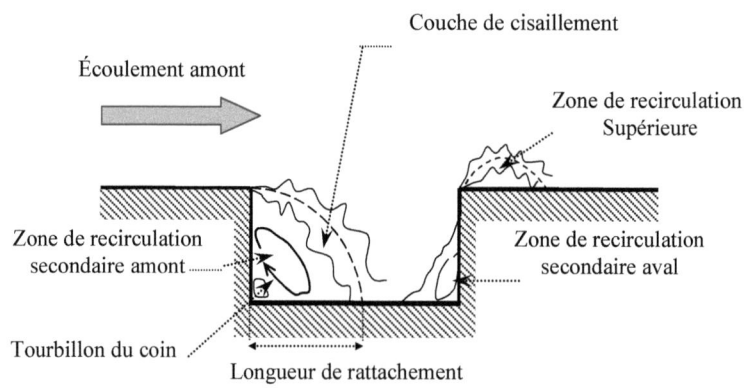

Figure I.5. Structure de l'écoulement moyen d'une cavité peu profonde

Dans la catégorie des cavités peu profondes, on distingue trois classes d'écoulement :

a. Les cavités ouvertes

La dynamique de l'écoulement de cavité ouverte est très complexe et évolue en fonction du rapport d'aspect. Ainsi, l'écoulement se développe en une couche cisaillée ondulante au dessus de la cavité. Cette couche de cisaillement vient impacter la paroi latérale en aval de la cavité, provoquant une onde de pression qui remonte l'écoulement (Vitale 2005). Dans ce type d'écoulement, on note la présence d'une importante zone de recirculation à l'intérieur de la cavité et de recirculations secondaires contrarotatives aux pieds des parois verticales (Figure I.6).

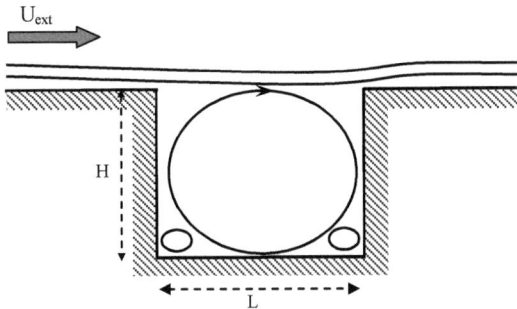

Figure I.6. Écoulement de cavité ouverte - cas d'un faible allongement

L'augmentation du rapport d'aspect de la cavité provoque un allongement de la recirculation principale et conduit souvent à sa division en deux tourbillons (Figure I.7).

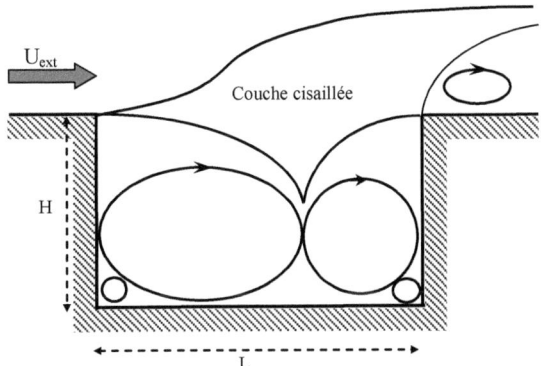

Figure I.7. Écoulement de cavité ouverte - cas d'un allongement modéré

Bien que le phénomène de rattachement dépende majoritairement du rapport d'aspect de la cavité, les expériences antérieures ont révélé que ce phénomène est sensible également aux caractéristiques de l'écoulement incident. Charwat et al. (1961) observent l'écoulement de cavité ouverte pour des rapports d'aspect inférieur ou égal à 11 (AR≤11) dans le cas d'écoulements supersoniques et des conditions amont

13

turbulentes. Sarohia (1975) constate une transition vers un écoulement de cavité ouverte pour AR = 8 dans le cas d'écoulements faiblement subsoniques et des conditions d'entrée laminaires alors que Srinivasan et Baycal (1991) situent cette limite à 10 dans le cas d'écoulements transsoniques.

b. Les cavités transitionnelles

La transition d'une configuration de cavité ouverte vers celle d'une cavité fermée se fait progressivement avec l'augmentation du rapport d'aspect. La cavité transitionnelle est caractérisée par la pénétration de la couche de cisaillement à l'intérieur de la cavité sans rattachement (Figure I.8). Une zone de stagnation apparait dans ce cas, caractérisée par des vitesses moyennes nulles, séparant les deux principales zones de recirculation (Estève & al. 2001).

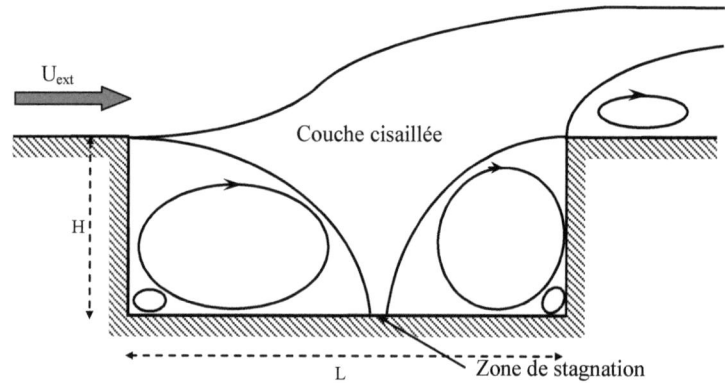

Figure I.8. Écoulement de cavité transitionnelle

c. Les cavités fermées

Dans le cas des cavités fermées la couche de cisaillement décolle du bord amont, impacte le fond de la cavité puis décolle à nouveau pour se recoller à la paroi latérale située derrière le bord aval. Le phénomène de décollement-recollement de l'écoulement donne naissance à plusieurs recirculations. La principale zone de

14

recirculation se situe juste derrière la marche amont suivie d'une recirculation secondaire devant la marche aval et de tourbillons, de petites dimensions, aux coins de la cavité. On peut observer également la présence d'une bulle de recirculation sur la marche aval.

Pour les grands rapports d'aspect, le point de rattachement se situe à des sections x/L de plus en plus petites et l'écoulement dans la cavité devient alors similaire à celui d'une marche descendante suivie d'une marche montante (Figure I.9).

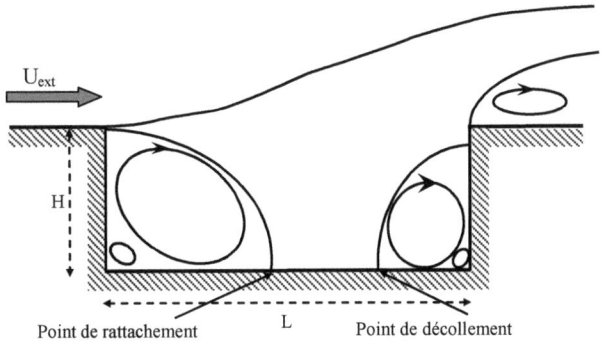

Figure I.9. Écoulement de cavité fermée

En aérodynamique les écoulements de cavités engendrent généralement de larges fluctuations de pression au niveau des parois de la cavité et des surfaces avoisinantes. Ces fluctuations entrainent souvent une vibration des structures qui peut exciter les modes vibratoires indésirables comme c'est le cas des avions par exemple (Rossiter 1966). Les niveaux de ces fluctuations sont plus élevés dans le cas des cavités ouvertes et transitionnelles que pour les cavités fermées (Kung-Ming 1999).

De nombreux travaux de recherche ont été effectués par Plentovich et Tracy entre 1990 et 1997 afin d'enrichir la banque de données couvrant une large gamme de géométries et de régimes d'écoulement afin de comprendre et de maitriser ce phénomène. Ces études ont permis d'établir une classification des écoulements de cavité à partir de l'évolution du coefficient de pression statique pariétal au fond de la cavité. Les cavités ouvertes se caractérisent par une valeur positive de la pression au niveau du bord amont. La transition d'une configuration de cavité ouverte vers celle de cavité fermée se traduit par un changement de signe de la pression au bord amont, conséquence de l'apparition d'une zone décollée attachée (Chatellier 2002). La transition d'une cavité ouverte vers une cavité fermée se fait par un passage de la cavité transitionnelle ouverte vers la cavité transitionnelle fermée. Le rattachement de la couche cisaillée au fond de la cavité se traduit aussi par un changement de concavité du profil du coefficient de pression Cp au fond de la cavité avec l'apparition d'un point d'inflexion et d'un maximum juste en amont du bord aval. Pour de plus grands rapports d'aspect, l'évolution du coefficient de pression présente des extrema locaux successifs matérialisant les différentes positions de décollement, rattachement puis de décollement révélant la présence de zones de recirculation (Figure I.10).

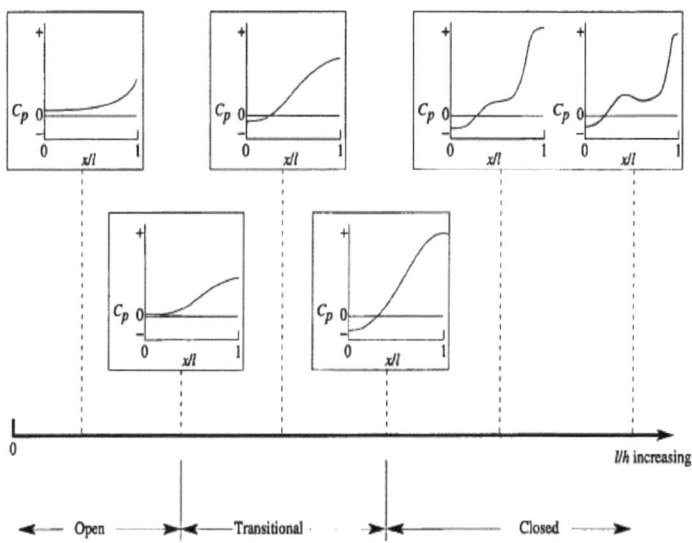

Figure I.10. Classification des cavités
basée sur l'allure du coefficient de pression
(Plentovich et al., 1990)

16

Les travaux de Plentovich et al. (1990) montrent qu'en plus du rapport d'aspect de la cavité, la structure de l'écoulement est sensible au nombre de mach et à l'envergure de la cavité. La Figure I.11 regroupe les résultats obtenus par les expériences montrant l'effet de ces trois paramètres sur l'évolution de la structure de l'écoulement dans la cavité.

La Figure I.11 révèle que l'augmentation du nombre de Mach, élargie la plage de transition d'une structure de cavité ouverte vers celle de cavité fermée et que cette transition s'étend quand l'envergure augmente, notamment pour des nombres de Mach élevés.

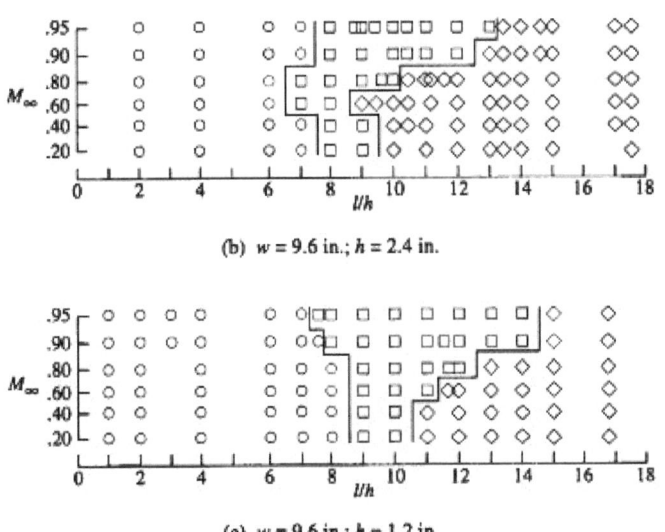

(b) $w = 9.6$ in.; $h = 2.4$ in.

(c) $w = 9.6$ in.; $h = 1.2$ in.

Figure I-11. Limites des différents types d'écoulements en fonction des dimensions de la cavité et du nombre de Mach (Plentovich & al., 1990)

I-3.2 Influence de la couche limite amont

La nature et l'épaisseur de la couche limite amont ont une très grande influence sur l'évolution de l'écoulement dans la cavité. Les observations de Karamcheti (1955) montrent que la nature laminaire ou turbulente de la couche limite a une grande

17

influence sur le bruit de cavité qui est lui-même étroitement lié aux fluctuations de pression dans la cavité par le couplage aéroacoustique. Sheryl et al. (2004) ont examiné les caractéristiques de l'écoulement d'une cavité peu profonde (rapport d'aspect égal à 4) sous l'incidence d'une couche limite laminaire et d'une couche limite turbulente. Ils ont constaté qu'une couche limite laminaire produit une vorticité plus forte de 31% que celle produite par une couche limite turbulente bien que dans ce dernier cas la turbulence affecte l'écoulement bien à l'amont de la cavité. Ces expériences montrent que la présence de la cavité provoque une nette augmentation des tensions de cisaillement lorsque la couche limite amont est laminaire, ce qui n'est pas le cas lorsque la couche limite amont est turbulente où l'augmentation s'effectue progressivement. L'évacuation du fluide se fait au niveau du bord aval avec des vitesses verticales plus importantes lorsque la couche limite amont est turbulente, contrairement au cas de la couche limite amont laminaire où l'évacuation se fait avec des vitesses verticales très faibles. Le retour vers un écoulement de couche limite, en aval de la cavité, se fait plus rapidement lorsque la couche limite amont est laminaire.

Ahuja et Mendoza (1995) constatent que l'augmentation de l'épaisseur d'une couche limite amont turbulente induit une réduction du bruit de cavité. Une augmentation du rapport δ_0/L d'un facteur de 2 réduit l'intensité du bruit de 23 dB. Ils proposent une augmentation de l'épaisseur de la couche limite amont comme moyen de suppression du bruit da cavité. Ils remarquent qu'une épaisseur $\delta_0/L=0.066$ permet d'éliminer totalement le bruit d'une cavité de rapport d'aspect L/H=3.75 à un nombre de Mach de 0.4.

Solignac et Corbel (1988) trouvent que le bruit disparait pour une valeur critique $\delta_0/L=0.56$ dans le cas d'une cavité de rapport d'aspect égal à 0.42 et un écoulement incident à un nombre de Mach de 0.8.

Les expériences de Sarohia (1975) montrent qu'une cavité sous l'incidence d'une couche limite laminaire résonne pour un rapport $(L/\delta_0)/(Re_\delta)>290$; Gharib et Roshko (1987) observent ce phénomène pour $80<L/\theta<155$.

De même, l'effet de la diminution de l'épaisseur de la couche limite amont par aspiration a été examinée par Illy (2005) sur deux cavités peu profondes (L/H=5,

L/W=5/6 et L/H=5, L/W=5) en régime transsonique. Ces expériences montrent que la variation de l'épaisseur de la couche limite amont peut entrainer une modification du régime de l'écoulement dans la cavité. Néanmoins, une réduction allant jusqu'à δ/3 n'induit aucune modification de l'organisation globale de l'écoulement ; la même structure tourbillonnaire est observée dans la cavité. Mais une augmentation de l'amplitude des fluctuations est constatée à mesure que l'épaisseur de la couche limite diminue. Dans le cas d'une couche limite laminaire, Gharib et Roshko (1987) observent un régime d'écoulement de 'sillage' pour de faibles épaisseurs de couche limite. C'est un régime d'écoulement qui se caractérise par un lâcher tourbillonnaire à très basse fréquence et par une large augmentation de la trainée de la cavité. Gloerfelt (2001) confirme ce résultat et montre qu'une couche limite incidente très fine (L/θ₀>70) conduit à une bifurcation vers un régime de sillage. Les travaux de Durst et Tropea (1981) indiquent que l'augmentation de l'épaisseur de la couche limite amont entraine une importante diminution de la longueur de rattachement derrière une marche descendante (Figure I.12). L'augmentation de la vorticité dans la couche limite amont induit une diminution d'au moins une hauteur de marche de la longueur de rattachement.

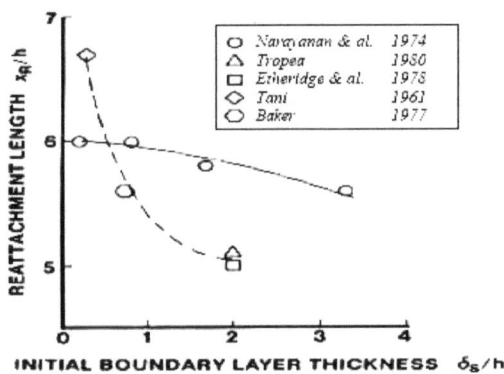

Figure 1.12. Influence de l'épaisseur de couche limite amont
sur la longueur de rattachement derrière une marche descendante
(Eaton & Johnston 1981)

19

I-3.3 Influence du nombre de Reynolds

L'étude numérique de Zdanski et al. (2003) montre que la structure de l'écoulement est très sensible au nombre de Reynolds en régime laminaire. La cavité de rapport d'aspect égal à 12 se caractérise par la présence de deux importantes recirculations. L'augmentation du nombre de Reynolds conduit au rapprochement des deux tourbillons jusqu'à la formation d'une seule bulle de recirculation pour un nombre de Reynolds de 662. La Figure I.13 montre la diminution de la distance qui sépare les centres des deux tourbillons en fonction du nombre de Reynolds. Un rattachement de la couche cisaillée est constaté pour un faible nombre de Reynolds (Re=147).

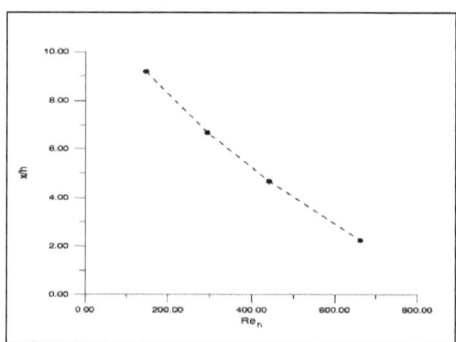

***Figure I.13**. **Distance entre les centres des deux tourbillons
en fonction du nombre de Reynolds (Zdanski & al., 2003)***

L'effet du nombre de Reynolds est faiblement ressenti en régime turbulent où les centres des deux tourbillons siégeant dans la cavité demeurent immobiles.

Eaton et Johnston (1981) observent une augmentation de la longueur de rattachement derrière une marche descendante en fonction du nombre de Reynolds pour les écoulements laminaires suivie d'une re-diminution pour atteindre une valeur asymptotique en régime turbulent (Figure I.14).

8
X_R/h
7
6
LAM TRANSITIONAL TURBULENT
0
1000
2000
3000
Re

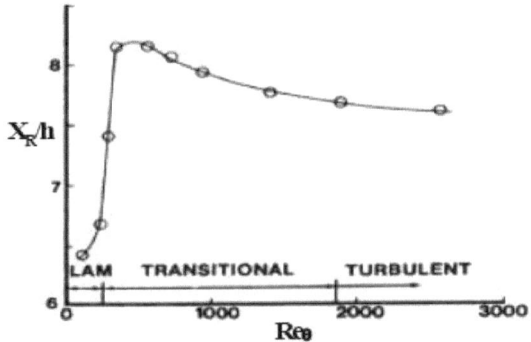

Figure I.14*. *Influence du nombre de Reynolds sur la longueur de rattachement derrière une marche descendante (Eaton & Johnston, 1981)

Les études expérimentales et numériques d'Armaly et al. (1983), concernant l'écoulement derrière une marche descendante pour des nombres de Reynolds 70<Re<8000, montrent que la longueur de rattachement augmente avec l'augmentation du nombre de Reynolds en régime laminaire, suivie d'une diminution en régime transitionnel (1200<Re<6600) pour atteindre une valeur asymptotique en régime turbulent (Figure I.15).

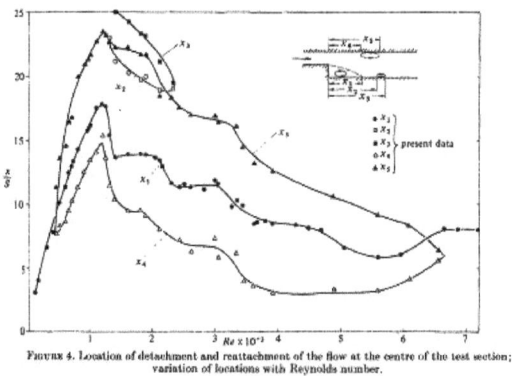

present data
FIGURE 4. Location of detachment and reattachment of the flow at the centre of the test section; variation of locations with Reynolds number.

Figure I.15*. *Évolution des positions du détachement et du rattachement En fonction du nombre de Reynolds (Armaly & al. 1983)

I-3.4 Influence de l'intensité de turbulence de l'écoulement incident

Zdanski et al. (2003) ont examiné numériquement l'effet du taux de turbulence de l'écoulement incident sur la structure de l'écoulement d'une cavité peu profonde (AR=8).

Les résultats de cette étude révèlent que ce paramètre a plus d'effet sur la structure de l'écoulement de cavité que celui du nombre de Reynolds en écoulement turbulent. L'augmentation du taux de turbulence provoque une diminution de la longueur de recollement. Ces mêmes observations ont été aussi faites précédemment par Eaton et Johnston (1981). Il a été constaté qu'un niveau élevé de turbulence dans l'écoulement extérieur tend à diminuer la longueur de recollement derrière une marche descendante. Ces observations s'accordent avec les résultats de mesures de Patel (1978) qui montrent que l'augmentation de l'intensité de turbulence conduit à un élargissement plus rapide de la zone de mélange.

I-3.5 Influence de la nature de l'écoulement amont

La configuration d'un écoulement amont du type couche limite a été largement étudiée. Celle du type jet pariétal a fait l'objet de quelques investigations ces dernières années. Ces recherches se sont penchées particulièrement sur le bruit rayonné par cette configuration et sur les processus de décollement et de recollement.

I-3.5.1 Écoulement d'un jet plan pariétal sur une marche descendante

Adams et al. (1984) indiquent que l'écoulement d'une couche limite turbulente sur une marche descendante se compose de cinq zones comme le montre la Figure I.16.

Zone 1 : Couche limite

Zone 2 : Couche cisaillée (couche de mélange)

Zone 3 : Région de séparation

Zone 4 : Région de recollement

Zone 5 : Région de redéveloppement

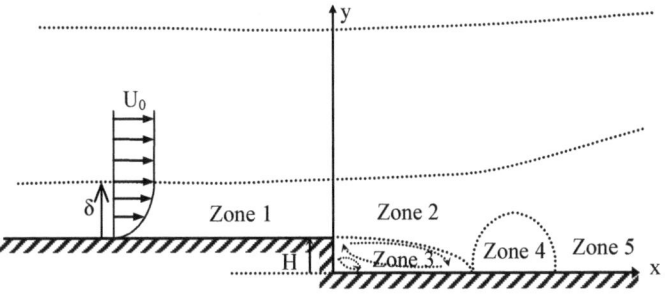

Figure I.16. Structure de l'écoulement issue de l'interaction d'une couche limite et d'une marche descendante (Adams et al., 1983)

Dans le cas d'un écoulement amont du type jet pariétal (Figure I.17), apparaissent deux zones supplémentaires qui sont les zones 6 et 7 qui appartiennent à la couche de cisaillement libre (Badri 1993). Celles-ci sont issues de la particularité de la structure de l'écoulement d'un jet pariétal qui se caractérise par la présence d'une couche interne similaire à celle d'une couche limite et d'une couche externe identique à celle d'un jet libre.

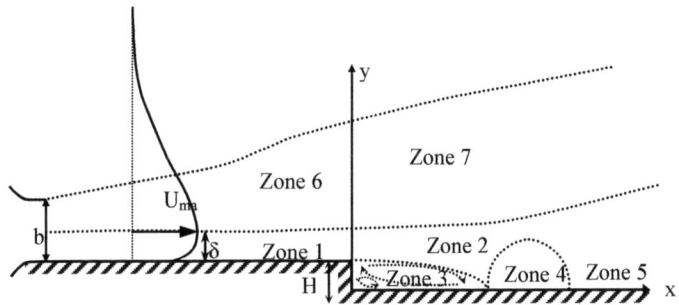

Figure I.17. Structure de l'écoulement issue de l'interaction d'un jet pariétal et d'une marche descendante

La première étude expérimentale de l'écoulement d'un jet plan pariétal au dessus d'une marche descendante a été effectuée par Matthews et Whitelaw (1973). Le refroidissement d'une marche descendante est réalisé par l'injection de l'écoulement d'un jet pariétal. L'intérêt de cette étude est d'examiner une configuration qui combine les caractéristiques de la turbulence du jet pariétal et celles de la marche descendante.

Badri (1993) a étudié expérimentalement l'écoulement derrière une marche descendante sous l'incidence de différents types d'écoulements : le cas d'un jet plan pariétal et celui d'une couche limite en paroi lisse et rugueuse. Le but de cette étude est d'examiner l'effet de la rugosité, celui de la turbulence extérieure et de l'épaisseur de la couche limite amont.

Les expériences de visualisation illustrent la complexité de la structure de l'écoulement issue de l'interaction du jet pariétal avec la marche. Elles révèlent la présence d'une importante zone de recirculation derrière la marche assiégeant de grosses structures tourbillonnaires. Les résultats de ces mesures montrent que dans le cas du jet pariétal, l'effet de la turbulence extérieure est dominant sur la longueur de recollement et sur la structure de la zone de recirculation alors qu'il est négligeable dans le cas de la couche limite. Il a été constaté une amplification de la diffusion turbulente vers la paroi, due probablement à l'addition de la diffusion turbulente de la zone externe du jet à celles des grandes structures turbulentes issues de la présence de la marche. Cette amplification crée une importante interaction entre les zones de l'écoulement, un rabattement des grandes structures vers la marche et une réduction de la longueur de recollement. La valeur moyenne de la longueur de recollement est de 3.6 H, dans le cas du jet pariétal alors qu'elle est comprise entre 7 et 8 H dans le cas de la couche limite. Les rugosités ont une grande influence sur la reconstitution de la structure de l'écoulement à partir du recollement jusqu'à la région de redéveloppement. Cette influence est importante lorsque l'épaisseur de la couche limite amont est plus grande que la hauteur de la marche ($\delta > H$) ; alors qu'elle est très faible pour des valeurs de l'épaisseur de la couche limite inférieures à la hauteur de la marche ($\delta < H$).

Jacob et al. (2001) se sont intéressés au bruit rayonné par l'écoulement d'un jet pariétal abordant une marche descendante. Ils distinguent trois principales régions dans l'écoulement moyen : une région amont où l'écoulement est celui d'un jet plan pariétal, une zone de recirculation située juste derrière la marche avec une longueur de rattachement de l'ordre de 3H suivie d'une zone de redéveloppement. Ces mesures montrent aussi que le mécanisme de génération de bruit repose essentiellement sur la présence de la marche et sur la diffraction d'une onde sonore par le bord de celle-ci.

Rajesh et Manab (2006) ont examiné numériquement l'évolution d'un jet pariétal laminaire au passage d'une marche descendante. Ils ont analysé l'effet de la variation de la distance (l) entre la sortie du jet et le bord d'attaque, de la variation de la hauteur (s) de la marche par rapport à la hauteur de la buse de sortie du jet (h) et de celui du nombre de Reynolds sur l'évolution de l'écoulement. Les résultats de cette étude montrent que la longueur de recollement évolue linéairement en fonction du nombre de Reynolds (Figure I.18). Pour une distance (l) et une hauteur (s), la longueur de recollement est pratiquement constante. La longueur de recollement est égale à 1.5h lorsque le jet débouche au niveau du bord de la marche. Cette longueur augmente rapidement pour atteindre 2.5h pour une distance entre le jet et la marche de l=2.5h, puis diminue légèrement avec l'augmentation de cette distance. Cependant, l'augmentation de la hauteur de la marche entraine une importante augmentation de la longueur de recollement.

Une étude expérimentale et numérique a été menée récemment par Nait Bouda (2008) dans le but d'examiner la structure de l'écoulement derrière une marche descendante. Deux cas de configurations de l'écoulement entrant ont été considérés dans ces recherches : l'écoulement d'un jet pariétal et celui d'une couche limite. Cette étude a permis de retrouver la structure complexe de l'écoulement observée par Badri. Elle constate que les fluctuations les plus énergétiques se situent dans la couche de cisaillement et dans la zone de recirculation. Les grandes structures turbulentes présentes dans la région externe du jet se rabattent vers l'intérieur, augmentant ainsi la diffusion turbulente depuis la région externe vers la région interne ce qui engendre une énergie turbulente importante à la paroi. La comparaison de la structure de l'écoulement derrière la marche indique que la longueur de rattachement dans le cas d'un écoulement incident de jet pariétal est beaucoup plus courte comparée à celle de la couche limite. Le recollement précoce de la couche cisaillée est causé par le transfert diffusif turbulent supplémentaire dû au transfert énergétique du mouvement tourbillonnaire de l'écoulement extérieur vers l'intérieur.

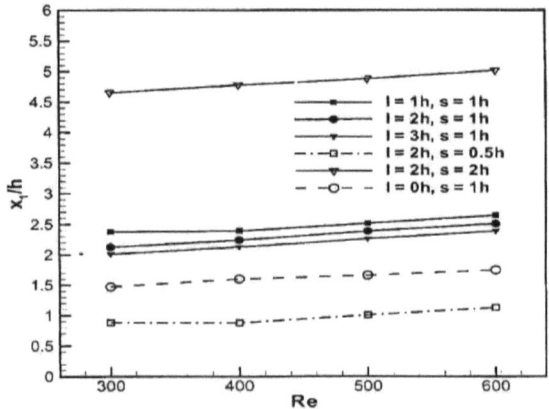

Figure I.18. Longueur de rattachement pour différents paramètres géométriques et différent nombres de Reynolds (Rajesh & Kumar Das, 2006)

I-3.5.2 Écoulement d'un jet plan pariétal abordant un obstacle de forme cubique

Mudgal et Pani (1995) ont réalisé des expériences sur l'écoulement d'un jet plan pariétal turbulent abordant des obstacles de forme cubique. Le but de ces recherches est de comprendre les phénomènes physiques générés par les écoulements d'air autour de bâtiments par temps d'orage et d'évaluer les contraintes subies par ces constructions pendant la tempête.

Les résultats de cette étude indiquent que l'écoulement d'un jet pariétal sur un obstacle produit deux zones de recirculation : la première se situe devant l'obstacle et la seconde derrière (Figure I.19). L'augmentation de l'épaisseur de la couche limite induit l'augmentation de la longueur de la recirculation amont et la diminution de celle de la recirculation aval (Figure I.20). Ces expériences indiquent un fort taux de turbulence dans le sillage. L'effet de la présence d'un deuxième obstacle a été examiné. Les expériences montrent que lorsque la distance qui sépare les deux obstacles est inférieure à 5S (S étant la longueur de l'obstacle) la contrainte subie par le bloc primaire est négative indiquant la présence d'une force agissant dans le sens opposé. Ceci est dû à la présence d'une dépression au niveau de la face avant du bloc aval et au piégeage de la recirculation par les deux blocs. L'augmentation de la distance entre les deux obstacles augmente la contrainte qui devient positive mais qui demeure inférieure à celle mesurée en l'absence du deuxième obstacle.

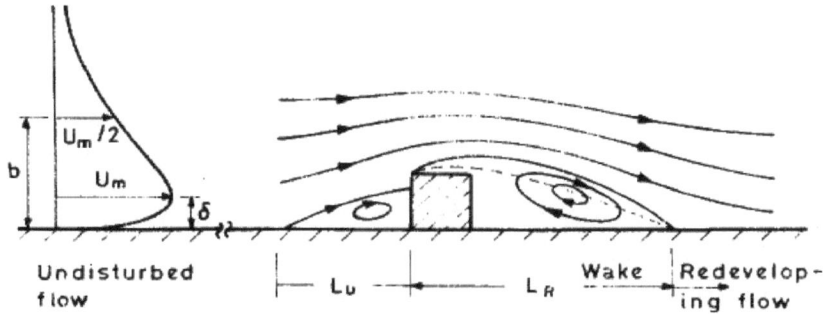

Figure I.19. Écoulement d'un jet pariétal sur un obstacle cubique

(Mudgal & Pani, 1995)

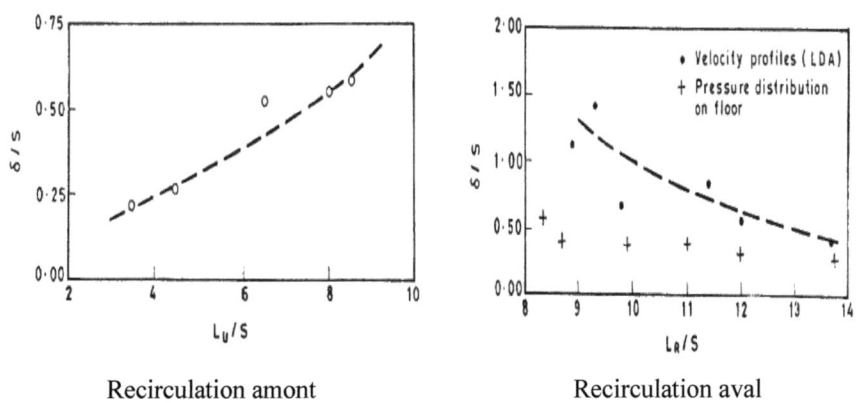

Recirculation amont   Recirculation aval

Figure I.20. Évolution des longueurs des zones de recirculation

en fonction de l'épaisseur de couche limite (Mudgal & Pani, 1995)

I-3.5.3 *Écoulement d'un jet plan pariétal au dessus d'une cavité*

Ahuja et Mendoza (1995) ont étudié le bruit rayonné par une cavité parallélépipédique sous l'écoulement incident d'un jet pariétal. L'effet des dimensions de la cavité, de l'épaisseur de la couche limite amont et de celui de la température a été examiné. Les expériences de visualisation révèlent la présence d'une onde de pression qui remonte l'écoulement vers l'amont et montrent que l'origine du bruit est le bord de fuite de la cavité. Le retour du fluide permet à l'écoulement de remonter du bord aval vers l'amont avant d'être éjecté en dehors de la cavité. Une importante structure tourbillonnaire reste piégée juste derrière le bord amont.

De Rœck et al. (2004) ont examiné numériquement le bruit rayonné par la configuration d'Ahuja et Mendoza. La cavité a une longueur de 31.75 mm et une profondeur de 12.7 mm correspondant à un rapport d'aspect de 2.5. Les résultats de cette étude mettent en évidence l'apparition d'un important tourbillon juste derrière le bord amont de la cavité (Figure 1.21-A) qui s'éclate en plusieurs petites structures tourbillonnaires lors de son impact avec l'onde générée au niveau du bord de fuite et qui remonte la cavité (Figure 1.21-B). Ces petites structures sont ensuite entrainées vers l'aval par l'écoulement moyen (Figure 1.21-C) pour être évacuées par le bord de fuite et un important tourbillon réapparait juste derrière le bord amont comme on le voit sur la Figure 1.21-D.

Raman et al. (1999) ont examiné expérimentalement le bruit issu de l'interaction d'un jet pariétal et d'une cavité de section rectangulaire. Les écoulements considérés sont supersoniques, soniques et subsoniques et des cavités de rapports d'aspect de 3 et 8. Ces expériences révèlent que le son produit par l'interaction jet-cavité est différent de celui produit par l'interaction couche limite-cavité et est différent aussi de celui issu d'un jet seul. Une importante variation des pressions au niveau du fond de la cavité en fonction du nombre de Mach a été constatée pour la cavité de rapport d'aspect égal à 8 alors que cette variation est négligeable dans le cas de la cavité de rapport d'aspect égal à 3.

Les recherches antérieures montrent que la classification des écoulements de cavité (ouverte, transitionnelle et fermée) est insensible aux petites variations du nombre de Mach et dépend essentiellement du rapport d'aspect de la cavité. Cependant, ces expériences confirment que l'effet du nombre de Mach sur le bruit de cavité est très important. Des travaux de recherche complémentaires ont été entrepris par ces mêmes chercheurs (2002). Les mesures ont été effectuées sur des écoulements subsoniques, soniques et supersoniques. Les cavités ont des rapports d'aspect de 3, 6 et 8. Une autre classification des bruits de cavité, basée sur le nombre d'Helmholtz, est proposée par ces chercheurs à la base de cette étude.

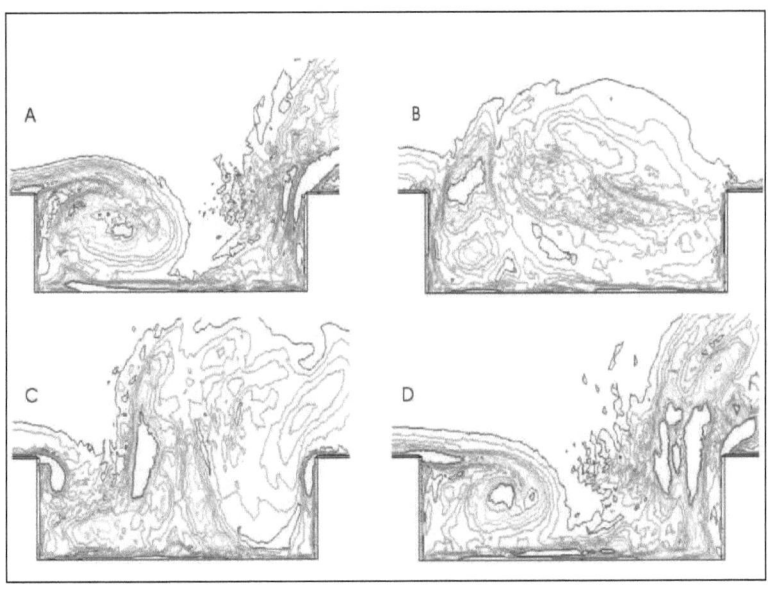

Figure I.21. Vorticité intantannée
(A : t = 37.5ms, B : t = 37.75ms, C : t = 38.3ms, D : t = 38.7ms)
(De Roeck et al. 2004)

I-4 Conclusion

La revue bibliographique montre la diversité des phénomènes associés aux écoulements de cavité. Ce sont les phénomènes d'oscillation et du rayonnement sonore qui ont fait l'objet de la plus grande partie des recherches depuis plus d'une cinquantaine d'années. Celles-ci fournissent principalement des informations sur les fluctuations de pression et sur les fréquences caractéristiques. Les seules données expérimentales concernant le champ aérodynamique se résument à des visualisations de l'écoulement.

Les travaux antérieurs révèlent que l'évolution de la structure de l'écoulement dépend de plusieurs paramètres, mais elle reste difficile à appréhender. Une première classification de ces écoulements est basée sur le rapport d'aspect de la cavité. Néanmoins, la limite entre l'écoulement de cavité fermée et celui d'une cavité ouverte n'est pas encore bien définie. Cette limite ne dépend pas seulement du rapport d'aspect de la cavité mais aussi des caractéristiques de l'écoulement amont.

Chapitre II
Modélisation de la Turbulence

"La modélisation de la turbulence, j'ai le regret de le dire, passe encore pour beaucoup pour une alchimie occulte fondée sur une mauvaise physique, apte à simuler numériquement des écoulements en accord avec les mesures que par l'ajustement au cas par cas d'un paquet de constantes empiriques et autres artifices encore moins recommandables."

Brian E. Launder, 1993

II-1 Introduction

Les méthodes numériques ont suscité durant ces dernières décennies un grand intérêt pour la prédiction et l'étude des écoulements en mécanique des fluides. Ceci est dû au fait que la simulation numérique permet de comprendre des phénomènes physiques avec la simplicité de la mise en œuvre, la facilité et la rapidité ainsi que le coût d'utilisation réduit.

II-2 La Turbulence

La turbulence est une propriété d'écoulements aperçus dans différents domaines pratiques. La nature est la première source de phénomènes turbulents tels que: les courants fluviaux, les bourrasques chargées de neige, les flots tumultueux, les rafales de vent…etc.

Aussi, la plupart des écoulements rencontrés dans le domaine de l'industrie, notamment l'hydraulique, l'aéronautique et l'énergétique, sont de nature turbulente comme : les jets des réacteurs, les écoulements dans les chambres de combustion, les sillages des aubes …). Ces écoulements véhiculent beaucoup de phénomènes tels que le transfert de chaleur et/ou de masse ce qui nécessite leur calcul préalable.

Le principal aspect apparent de la turbulence est le désordre. Ainsi, les écoulements turbulents se caractérisent par une variation aléatoire des grandeurs physiques (vitesse, pression, température…). Un traitement statistique des grandeurs physiques est alors nécessaire. Les écoulements turbulents se caractérisent également par des trajectoires à caractère imprévisible, des fluctuations du rotationnel de vitesse, une diffusivité élevée de toute quantité transportable (masse, énergie, chaleur..) et par la coexistence de plusieurs échelles de temps et de longueur. La présence de termes non linéaires dans les équations qui gouvernent le mouvement des écoulements turbulents est responsable des transferts d'énergie de l'écoulement moyen vers les grosses structures turbulentes puis vers les plus petites jusqu'à une totale dissipation, d'où la notion de cascade d'énergie.

Depuis la fin du XIXième siècle et les travaux initiateurs d'Osborne Reynolds, de nombreuses recherches ont été menées afin de permettre l'élaboration d'une théorie satisfaisante de la turbulence. L'approche numérique des écoulements en mécanique des fluides s'est alors imposée et vient s'ajouter aux approches théorique et expérimentale.

La modélisation de la turbulence a fait l'objet d'un grand nombre de travaux de recherche. Une revue élaborée peut être retrouvée dans les ouvrages de Lesieur (1994), Wilcox (1998), Schiestel (1998) et Chassaing (2000).

Les approches de la turbulence les plus utilisées sont l'approche directe qui repose sur une résolution directe des équations de Navier-Stokes et la méthode statistique, basée sur un traitement statistique des équations du mouvement après la décomposition de chaque grandeur instantanée caractéristique de l'écoulement en une partie moyenne et une fluctuation.

La mise en œuvre de l'approche directe (DNS) nécessite l'utilisation de schémas de discrétisation de haute précision nécessitant un maillage suffisamment fin afin de saisir les plus petites échelles de l'écoulement qui sont de l'ordre des échelles de Kolmogorov. Cependant, la disparité des échelles de temps et d'espace qui interviennent dans les écoulements turbulents est telle que la DNS est limitée aux problèmes académiques caractérisés par des géométries simples et de faibles nombres de Reynolds. En effet, le nombre de points nécessaire pour une simulation 3D est de l'ordre de $Re_t^{9/4}$ où $Re_t = \frac{\ell\sqrt{k}}{\nu}$ est le nombre de Reynolds de la turbulence et ℓ est la dimension des gros tourbillons énergétiques (Schiestel, 1998). Cependant, la puissance des calculateurs actuels ne permet pas d'utiliser cette approche de turbulence pour la simulation d'écoulements complexes à nombres de Reynolds élevés.

La simulation des grandes échelles (SGE ou LES: Large Eddy Simulation), initiée par Smagorinsky (1963) dans le domaine météorologique, est une approche tridimensionnelle dont la technique de calcul est intermédiaire entre la méthode de résolution directe et l'approche statistique. Elle repose sur la simulation directe des grandes échelles turbulentes alors que les petites échelles sont modélisées statistiquement. Une décomposition du spectre d'énergie d'un écoulement turbulent en deux principales parties est d'abord effectuée par filtrage des équations de Navier Stockes. La première partie comporte les grandes échelles dont l'évolution spatiale et temporelle, régie par les équations de Navier Stockes filtrées, est simulée. La deuxième partie comporte les petites échelles (échelles de sous-maille) dont la modélisation passe en général par l'introduction d'un concept de viscosité de turbulence qui est essentiellement adaptée à la modélisation d'une partie du spectre d'énergie cinétique turbulente dans le cas d'une turbulence homogène isotrope. Cependant, la simulation des grandes échelles (LES) est difficilement applicable pour la modélisation d'écoulements pariétaux à grands nombres de Reynolds à caractère industriels (Davidson et al. 2003). Étant donné que la taille du filtre spatial est liée à la finesse de la discrétisation spatiale, ceci implique que l'approche LES fait appel à une DNS dans les régions de proche-paroi (Bourguet, 2008).

Les méthodes statistiques constituent une alternative, largement répandue, aux simulations directe et des grandes échelles. Cette méthode de calcul repose sur la décomposition de chaque grandeur instantanée caractéristique de l'écoulement turbulent en une partie moyenne et une fluctuation, puis sur un traitement statistique des équations du mouvement. L'origine de cette décomposition remonte à la communication d'Osborne Reynolds en mai 1895. Le fait de considérer les équations de Navier-Stokes moyennées conduit à la "perte d'information" par rapport aux équations originelles et fait apparaitre dans ces équations des termes inconnus supplémentaires sous formes de corrélations de vitesses fluctuantes (tensions de Reynolds) ; il en résulte alors un système d'équations ouvert. Il convient alors un choix judicieux des schémas de fermeture afin de tenir compte des informations perdues par un nouveau système d'équations fermé, prêt à la résolution.

L'approche statistique en un point est la méthode la plus utilisée. Celle-ci possède un vaste domaine d'application surtout dans des contextes industriels grâce au coût de calcul relativement réduit. Cependant, l'information sur la turbulence par la modélisation en un point reste encore relativement limitée.

Le travail présenté dans cette étude repose sur cette dernière approche. Nous allons donc détailler davantage la modélisation par la fermeture en un point.

II-3 Principes généraux et équations de base

Les écoulements de fluides sont gouvernés par les équations de Navier Stokes. Ces équations découlent des lois de Newton du mouvement qui traduisent les lois physiques de conservation. Ces équations sont à la base de la description du champ turbulent et les raisonnements sont fondés sur l'interprétation physique des termes de ces équations.

II-3.1 Équations de transport

Dans la présente étude, nous considérons un écoulement incompressible, isotherme et stationnaire en moyenne. Les équations régissant le mouvement d'un tel fluide sont :

34

- **Les équations de la quantité de mouvement**

$$\tilde{U}_j \frac{\partial \tilde{U}_i}{\partial x_j} = -\frac{\partial}{\partial x_i}(\frac{\tilde{P}}{\rho}) + \frac{\partial}{\partial x_j}(v \frac{\partial \tilde{U}_i}{\partial x_j}) \qquad \text{(II-1)}$$

Ces équations interprètent directement le théorème de la quantité de mouvement

$\tilde{U}_i$: représente la composante du vecteur vitesse suivant la direction i.

$\tilde{P}$: la pression

ρ : la masse volumique

v : la viscosité cinématique

- **Équation de continuité** Cette équation traduit la conservation de la masse en fluide incompressible.

$$\frac{\partial \tilde{U}_i}{\partial x_i} = 0 \qquad \text{(II-2)}$$

Dans le cas d'un écoulement turbulent, les grandeurs instantanées sont décomposées en une composante moyenne et une fluctuation ; ce qui permet de distinguer l'écoulement moyen de l'écoulement fluctuant.

Compte tenu de cette décomposition, les variables intervenant dans le système d'équations s'écrit alors comme suit :

$$\tilde{P} = P + p; \quad \tilde{U}_i = U_i + u_i$$

II-3.2 Équations de Reynolds

Ces équations sont obtenues par moyenne de (II-1) après avoir introduit la décomposition de Reynolds :

$$U_j \frac{\partial U_i}{\partial x_j} = -\frac{\partial}{\partial x_i}(\frac{P}{\rho}) + \frac{\partial}{\partial x_j}(\nu \frac{\partial U_i}{\partial x_j} - \overline{u_i u_j}) \qquad \text{(II-3)}$$

Dans ces nouvelles équations apparaissent de nouveaux termes qui sont les corrélations doubles $\overline{u_i u_j}$; ceux-ci traduisent l'influence du champ turbulent sur le champ moyen. Ces termes constituent le tenseur de Reynolds qui est un tenseur symétrique dont la trace est égale au double de l'énergie cinétique de turbulence.

- **Équations de continuité du champ moyen :**

L'équation de continuité du champ moyen est obtenue par moyenne de l'équation (II-2) :

$$\frac{\partial U_i}{\partial x_i} = 0 \qquad \text{(II-4)}$$

- **Équations de la vitesse fluctuante :**

L'équation de la vitesse fluctuante est obtenue par différence de (II-1) – (II-3).

$$U_j \frac{\partial u_i}{\partial x_j} = -u_j \frac{\partial U_i}{\partial x_j} - \overline{U}_j \frac{\partial u_i}{\partial x_j} - \frac{\partial}{\partial x_i}(\frac{P}{\rho}) + \frac{\partial}{\partial x_j}(\nu \frac{\partial u_i}{\partial x_j} - \overline{u_i u_j}) \qquad \text{(II-5)}$$

- **Divergence des fluctuations de vitesse :**

Cette équation est obtenue par la différence de (II-2)-(II-4).

$$\frac{\partial u_i}{\partial x_i} = 0 \qquad \text{(II-6)}$$

Le traitement statistique permet de retrouver les équations qui traduisent l'évolution des différents moments. Ces équations ont été introduites par Rotta J.C. en 1951 puis développées par Donaldson (1969), Daly et Harlow (1970), Tennekes et Lumley (1972), Hanjalic et Launder (1972), Launder, Reece et Rodi (1975) et par la suite par Launder et Shima (1989).

- **Équations des corrélations doubles (tensions de Reynolds):**

$$U_m \frac{\partial R_{ij}}{\partial x_m} = P_{ij} + F_{ij} + D_{ij} - \varepsilon_{ij} + \nu \frac{\partial^2 R_{ij}}{\partial x_m \partial x_m} \qquad (II-7)$$

Où $R_{ij} = \overline{u_i u_j}$ est la tension de Reynolds.

Les différents termes qui apparaissent dans l'équation (II-7) sont :

P_{ij} caractérise la production turbulente résultant du travail des tensions de Reynolds soumises aux gradients vitesse de l'écoulement moyen :

$$P_{ij} = -R_{im} \frac{\partial U_i}{\partial x_m} - R_{jm} \frac{\partial U_j}{\partial x_m} \qquad (II-8)$$

F_{ij} représente la corrélation pression-déformation, responsable de la redistribution de l'énergie suivant les diverses composantes du tenseur de Reynolds :

$$F_{ij} = \frac{p}{\rho} \overline{\left(\frac{\partial u_i}{\partial x_j} + \frac{\partial u_j}{\partial x_i} \right)} \qquad (II-9)$$

D_{ij} traduit la diffusion turbulente due aux fluctuations de vitesse et de pression :

$$D_{ij} = -\frac{\partial}{\partial x_m} \left(\overline{u_i u_j u_m} \right) - \frac{\partial}{\partial x_m} \left(\overline{\frac{p}{\rho} \left(u_i \delta_{jm} + u_j \delta_{im} \right)} \right) \qquad (II-10)$$

ε_{ij} représente la dissipation visqueuse :

$$\varepsilon_{ij} = 2\nu \overline{\frac{\partial u_i}{\partial x_m} \frac{\partial u_j}{\partial x_m}} \qquad (II-11)$$

Le terme de la diffusion moléculaire est donné par:

$$\nu \frac{\partial^2 R_{ij}}{\partial x_m^2} \qquad (II-12)$$

Pour la résolution de ces équations, des hypothèses de modélisation sont nécessaires pour les termes D_{ij}, F_{ij} et ε_{ij}.

- **Équations de l'énergie cinétique de la turbulence :**

L'énergie cinétique de la turbulence est déduite à partir de la contraction d'indice i=j du tenseur de Reynolds : $k = \dfrac{1}{2}\overline{u_i u_i}$

$$U_m \frac{\partial k}{\partial x_m} = P_k + D_k - \varepsilon + \nu \frac{\partial^2 k}{\partial x_m \partial x_m} \qquad (II-13)$$

Où :

P_k représente la production de l'énergie turbulente par action du champ moyen :

$$P_k = -R_{im} \frac{\partial U_i}{\partial x_m} \qquad (II-14)$$

D_k exprime la diffusion turbulente due aux fluctuations de vitesse et de pression :

$$D_k = -\frac{\partial}{\partial x_m}\left(\overline{u_i u_j u_m}\right) - \frac{\partial}{\partial x_m}\left(\overline{\frac{p}{\rho} u_m}\right) \qquad (II-15)$$

38

ε traduit la dissipation visqueuse :

$$\varepsilon = \nu \overline{\left(\frac{\partial u_i}{\partial x_m} \right)^2} \qquad \text{(II-16)}$$

Le terme de la diffusion moléculaire est donnée par :

$$\nu \frac{\partial^2 k}{\partial x_m^2} \qquad \text{(II-17)}$$

- **Équations du taux de dissipation de l'énergie cinétique de la turbulence :**

L'équation du taux de dissipation de l'énergie cinétique turbulence se déduit à partir

de la relation : $2\nu \overline{\frac{\partial u_i}{\partial x_j} \frac{\partial}{\partial x_j}} (\text{Eq. de } u_i)$

Ceci conduit à l'équation :

$$U_j \frac{\partial \varepsilon}{\partial x_j} = A + B + C + D + F \qquad \text{(II-18)}$$

Les termes qui apparaissent dans l'équation (II-18) sont :
La production turbulente par action du champ moyen :

$$A = -2\nu \left(\overline{\frac{\partial u_k}{\partial x_j} \frac{\partial u_m}{\partial x_j}} + \overline{\frac{\partial u_j}{\partial x_k} \frac{\partial u_j}{\partial x_m}} \right) \frac{\partial U_m}{\partial x_k} \qquad \text{(II-19)}$$

39

La production turbulente complémentaire par action du champ moyen due à l'inhomogénéité :

$$B = -2\nu \overline{\left(u_k \frac{\partial u_j}{\partial x_m} \right)} \frac{\partial^2 U_m}{\partial x_m \partial x_k} \tag{II-20}$$

La diffusion turbulente due aux fluctuations de vitesse :

$$C = -\nu \frac{\partial}{\partial x_k} \overline{\left(u_k \left(\frac{\partial u_j}{\partial x_m} \right)^2 \right)} \tag{II-21}$$

La diffusion turbulente due aux fluctuations de pression :

$$D = -2\frac{\nu}{\rho} \overline{\left(\frac{\partial u_j}{\partial x_m} \right)} \frac{\partial^2 p}{\partial x_m \partial x_j} \tag{II-22}$$

La diffusion moléculaire :

$$E = \nu \frac{\partial^2 \varepsilon}{\partial x_m \partial x_m} \tag{II-23}$$

La production par interaction tourbillonnaire et l'action de la viscosité :

$$F = -2\nu \overline{\left(\frac{\partial^2 u_j}{\partial x_k \partial x_m} \right)^2} - 2\nu \overline{\frac{\partial u_j}{\partial x_m} \frac{\partial u_k}{\partial x_m} \frac{\partial u_j}{\partial x_k}} \tag{II-24}$$

II-4 Modèles de turbulence

Un premier critère de classification des modèles statistiques de fermeture en un point est lié à l'ordre des moments retenus comme inconnues principales. Ainsi, les modèles du premier ordre limitent le champ des grandeurs inconnues principales aux valeurs moyennes de grandeurs physiques de l'écoulement (moment d'ordre un). Les modèles du deuxième ordre considèrent, en plus des valeurs moyennes, les tensions de Reynolds (moment d'ordre deux).

Une deuxième classification des modèles de turbulence repose sur le nombre d'équations de transport nécessaires pour fermer le système (Schiestel, 1993).

Dans ce qui suit nous rappelons brièvement quelques modèles en suivant le deuxième critère de classification des modèles de turbulence.

II-4.1 Modèles du premier ordre à zéro équation

Dans les modèles à zéro équation, aucune équation de transport des grandeurs turbulentes n'est résolue, les tensions de Reynolds sont directement déduites des valeurs moyennes.

Les modèles à zéro équation peuvent se regrouper en deux catégories distinctes :

II-4.1.1 Les modèles de longueur de mélange (Prandtl L., 1925)

Dans un écoulement turbulent cisaillé (en couche mince), le concept de longueur de mélange repose sur deux hypothèses fondamentales: la première concerne l'expression de l'échelle de temps (échelle de temps de Kolmogorov : τ) et la deuxième concerne l'échelle de vitesse. La première hypothèse est inspirée de la théorie cinétique des gaz où le libre parcours moyen des molécules peut être supposé petit devant les dimensions de l'écoulement alors que ce n'est pas le cas des écoulements turbulents. Cependant, le modèle de transport en gradient demeure non justifié en écoulement turbulent. La deuxième hypothèse traduit le fait que le temps caractéristique de la turbulence est du même ordre de grandeur que celui de l'écoulement moyen. Une expression classique de longueur de mélange est alors proposée à partir de ces deux hypothèses :

$$\frac{\tau}{\rho} = l_m^2 \left| \frac{\partial U}{\partial y} \right| \frac{\partial U}{\partial y}$$
(II-25)

Où l_m représente la longueur de mélange.

Ce type de modèles ne peut pas être généralisé aux différents écoulements turbulents et sa formulation demeure spécifique à chaque écoulement particulier étudié.

II-4.1.2 Les modèles de viscosité effective (Boussinesq J., 1877 ; Prandtl L., 1942)

Dans les modèles à viscosité effective, la viscosité turbulente est spécifiée directement en chaque point de l'écoulement comme suit :

$$\nu_t = l_e V_e \, f(\frac{y}{\delta})$$
(II-26)

L'avantage de ces modèles est la simplicité du fait qu'ils s'appliquent bien à des écoulements turbulents proches de l'équilibre (Schiestel, 1998).

II-4.2 Modèles à une équation

Une équation supplémentaire d'une grandeur turbulente est considérée dans ce type de modèles. Parmi ces modèles citons :

II-4.2.1 Modèle de Prandtl-Kolmogorov

Dans ce cas, l'équation supplémentaire représente une échelle de vitesse des fluctuations où la viscosité turbulente ν_t est donnée par une expression de type Kolmogoroff-Prandtl :

$$v_t = c_\mu \ell \sqrt{k} \qquad \text{(II-27)}$$

c_μ est une constante empirique égale à 0.09 ; ℓ est une échelle de longueur choisie généralement égale à longueur caractéristique de l'écoulement.

k est l'énergie cinétique turbulente, déterminée à partir de son équation de transport modélisée. Cependant, l'utilisation de ce schéma reste limitée par la difficulté de faire un choix convenable de l'échelle de longueur ℓ.

II-4.2.2 Modèle de Bradshaw, Ferriss et Atwell (1967)

Dans ce modèle, l'équation de transport supplémentaire est celle de la contrainte de cisaillement turbulent. Ce modèle donne de très bons résultats dans le cas d'écoulements de couche limite avec ou sans gradient de pression (Chassaing, 2000). Néanmoins, une difficulté de ce modèle réside dans le choix de l'échelle de longueur pour des écoulements plus complexes.

II-4.2.3 Modèle de Nee et Kovasznay

Ce modèle repose sur une équation de transport pour la viscosité effective : $v_e = v + v_t$.

C'est une équation empirique regroupant les termes d'advection, de diffusion, de production et de dissipation.

Les modèles de fermeture à une équation ont l'avantage d'être plus simples d'utilisation mais présentent les inconvénients de l'empirisme pour la détermination de l'échelle de longueur et sont difficiles à appliquer aux écoulements tridimensionnels.

II-4.3 Modèles à deux équations

Les modèles à deux équations font intervenir une deuxième équation de transport qui permet d'extraire une échelle de longueur en plus de l'équation de transport de k. La première quantité envisagée par Kolmogoroff (1942) fut une fréquence $\omega \sim \dfrac{\sqrt{k}}{\ell}$ qui

représente le taux spécifique de dissipation. Ce choix a été reconsidéré plus tard par Wilcox (1988).

Chou (1945) a adopté, pour seconde fonction, une échelle de longueur (micro-échelle λ). Rotta (1951) a suggéré d'abord une équation de transport pour l'échelle de longueur pour proposer plus tard (1968) une équation pour k et ℓ. Dans les deux cas les relations qui donnent ces grandeurs s'écrivent : $\nu_t \sim \ell.k^{1/2}$; $\varepsilon \sim \dfrac{k^{3/2}}{\ell}$.

Daviddov (1961) fut le prédécesseur à l'usage de l'équation du taux de dissipation ε. Ce sont Harlow & Nakayama (1968) qui ont développé la forme actuelle du modèle k-ε.

Comme il a été signalé précédemment, c'est Kolmogoroff qui a proposé le premier modèle de turbulence à deux équations de transport. Les deux quantités physiques choisies sont l'énergie cinétique turbulente et le taux spécifique de dissipation de l'énergie cinétique turbulente, ω. Kolmogorov a définie ω comme étant le taux de dissipation de l'énergie par unité de volume et de temps afin de souligner la relation physique de cette quantité avec "l'échelle externe" de la turbulence. ω caractérise la fréquence de dissipation de l'énergie cinétique de turbulence. Parmi les modèles à deux équations, le modèle k-ε standard est le plus utilisé dans le monde industriel. Il est bien adapté aux écoulements turbulents pleinement développés à grands nombres de Reynolds. Cependant, dès qu'on s'éloigne de ce cadre, les écoulements sont mal prédits par ce modèle. Cela provient de l'équation de ε qui ne permet pas de déterminer des échelles de longueurs correctes. Ainsi, de nombreuses variantes ont été proposées afin d'améliorer ce modèle. Parmi ces variantes, le modèle k-ε RNG qui introduit un terme supplémentaire dans l'équation de ε afin d'augmenter sa dissipation et donc de réduire k et ν_t dans les régions fortement cisaillées. Une alternative à l'équation de ε est l'équation de ω qui prédit mieux l'échelle de longueur de la turbulence près des parois et améliore l'évaluation des flux pariétaux (Vieser et al., 2002). Des résultats cohérents ont été retrouvés avec le modèle k-ω, notamment dans le cas d'écoulements cisaillés simples. Néanmoins, ce modèle présente une dépendance locale et linéaire entre les tensions de Reynolds et le champ moyen ce qui le rend peu adapté aux écoulements complexes, caractérisés par une forte anisotropie. Le modèle k-ω SST (Shear Stress Transport k-ω model) est une variante du modèle k-ω, basé sur les mêmes équations de transport. La différence entre ces deux modèles résulte dans le fait que le modèle SST combine le modèle k-oméga en zone de proche paroi et le modèle k-epsilon dans les zones loin des parois où le nombre de Reynolds est important. Pour ce modèle, l'équation de transport de la dissipation comporte un terme supplémentaire de diffusion pour améliorer la prédiction dans les zones transitoires. Nous indiquons dans le tableau II-1 d'autres modèles à deux équations.

Modèle	Auteur
$k^{1/2}/\ell$	Kolomogorov (1942) ; Wilcox (1988)
$k^{3/2}/\ell = \varepsilon$	Harlow & Nakayama (1968) ; Jones &
$k^2, k^2\ell$	Rodi (1972)
k/ℓ^2	Saffman (1970) ; Spalding (1972)
$k^2, k^2/\ell^2$	Spalding (1969)
$k\ell$	Rotta(1972)

Table II-1. Travaux antérieurs sur les modèles à deux équations

II-4.3.1 Application des modèles à deux équations à des écoulements cisaillés libres

Une étude comparative de trois modèles à deux équations a été effectuée par Wilcox (1998) pour cinq types d'écoulements cisaillés libres : le sillage, la zone de mélange, le jet plan, le jet rond et le jet radial. Le tableau II-2 regroupe le taux d'épanouissement de ces écoulements obtenus avec ces modèles et celui mesuré. Le taux d'épanouissement correspond à la distance transversale entre le point où la vitesse longitudinale est maximale et le point où la vitesse est égale à la moitié de la vitesse maximale.

Le tableau II-2 montre que c'est le modèle k-ω qui donne le taux d'épanouissement le plus proche de celui obtenu expérimentalement.

Écoulement	Modèle k-ω	Modèle k-ε	Modèle k-ε RNG	Mesure
Sillage	0.339	0.256	0.29	0.365
Zone de mélange	0.105	0.098	0.099	0.115
Jet plan	0.101	0.108	0.146	0.1-0.110
Jet rond	0.088	0.12	0.185	0.086-0.096
Jet radial	0.099	0.094	0.110	0.096-0.110

Tableau II-2. Taux d'épanouissement d'écoulements cisaillés libres

II-4.3.2 Application des modèles à deux équations à des écoulements décollés

Driver-Seegmiller (1985) ont comparé les résultats obtenus avec le modèle k-ε, le modèle k-ω et l'expérience de l'écoulement derrière une marche descendante dans un canal dont le plafond est incliné par rapport à la paroi du bas d'un angle α. Les résultats de cette étude sont regroupés dans le tableau II-3 qui montre que le modèle k- ε sous estime la longueur de rattachement d'environ 16% dans le cas d'un angle d'inclinaison de 0° et de 32% dans le cas d'une inclinaison de 6°. Le modèle k-ω surestime la longueur de rattachement d'environ 4% pour les deux inclinaisons.

Angle d'inclinaison	Modèle k-ε	Modèle k-ω	Mesure
α =0°	5.2H	6.4H	6.2H
α =60°	5.5H	8.45H	8.1H

Tableau II-3. Longueur de rattachement derrière une marche descendante

La Figure II-1 compare le coefficient de frottement pariétal derrière la marche calculé avec trois variantes du modèle k-ω, le modèle k-ε et les mesures de Driver-Seegmiller (1985). La Figure II-1 montre que les profils numériques du coefficient de frottement prédits avec les modèles k-ω se rapprochent mieux du profil expérimental comparé à celui prédit avec le modèle k-ε. Ainsi, nous pouvons conclure que les modèles k-ω sont mieux adaptés aux écoulements décollés.

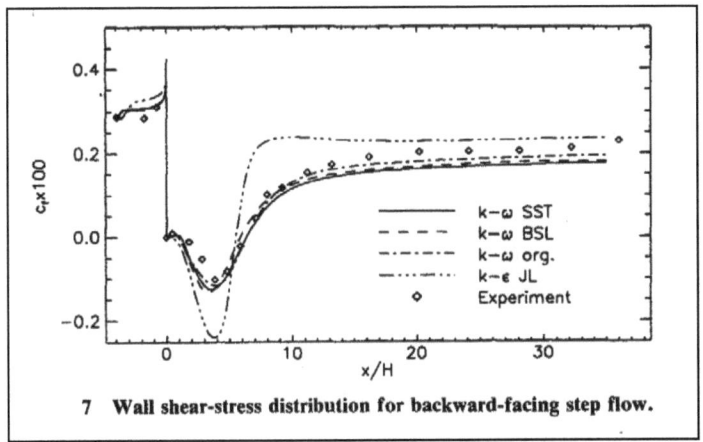

7 **Wall shear-stress distribution for backward-facing step flow.**

*Figure II-1 : Coefficient de frottement pariétal derrière une marche descendante
Comparaison entre différentes prédictions (Menter, 1994)*

II-4.4 Modèle à trois équations - le modèle k-R_{12}-ε pour les écoulements de paroi
Ce modèle fait partie des modèles hybrides qui sont intermédiaires entre les modèles à deux équations et   les modèles aux tensions de Reynolds. C'est un modèle intéressant pour le calcul d'écoulements en couche mince caractérisé par un profil de vitesse dissymétrique parce qu'il fait intervenir une relation directe entre la tension de cisaillement et le gradient de vitesse moyenne, ce qui permet de retrouver les zones à production négative.

Dans les couches limites bidimensionnelles, le terme $\dfrac{\partial U_1}{\partial x_2}$ est le seul gradient important et R_{12} est la contrainte de cisaillement dominante (Schiestel, 1998).

II-4.5 Modèles à N équations
Les modèles à deux équations ont fait preuve d'un grand nombre de succès dans diverses applications. Cependant, le concept de viscosité cinématique turbulente ne

donne pas toujours de bons résultats mais reste intéressant pour un grand nombre d'applications.

C'est là où interviennent les modèles à N équations qui tiennent compte des différents aspects physiques. Dans ces modèles, la fermeture est du second ordre où les tensions de Reynolds font désormais l'objet de l'ensemble d'équations à résoudre. Ce type de modèle nécessite toujours l'indication d'une échelle de temps, déduite le plus souvent d'une équation de dissipation. La table II-4 résume quelques études effectuées avec ce type de modèles.

Parmi les modèles à N équations, le modèle RSM (Reynolds Stress Model) où les équations des tensions de Reynolds font partie du système d'équations à résoudre. Ce qui conduit à un système de six équations. Dans ce cas, le niveau de fermeture est mieux adapté pour la prédiction des écoulements complexes. Ces modèles permettent de considérer davantage les effets d'anisotropie de la turbulence ainsi que les effets de faibles nombres de Reynolds. Les modèles RSM ont été introduit initialement par Rotta (1951) puis développés par Donaldson (1969), Daly & Harlow (1970), Hanjalic & Launder (1972) et Launder, Reece & Rodi (1975).

Auteur	Année	Ordre de fermeture
Rotta	1951	
Daly Harlow	1970	
Hanjalic & Lander	1972	Fermeture du $2^{\text{ème}}$ ordre
Lumley & Khajeh Noui	1974	équation de transport supplémentaire pour
Launder & Reec & Rodi	1975	$\overline{u_i u_j}$
Launder	1989	
Chou	1945	Fermeture du $3^{\text{ème}}$ ordre
Kolavandin	1969	équation de transport supplémentaire pour
André & al.	1976	$\overline{u_i u_j u_k}$

Table II-4 : travaux antérieurs sur les modèles à plus de 2 équations

II-4.6 Modèles multi-échelles

Tous les modèles cités précédemment reposent sur l'hypothèse d'une échelle unique qui suppose que le spectre d'énergie cinétique maintient une forme d'équilibre alors qu'il peut varier énormément dans l'espace induisant la variation des différents processus d'interactions turbulents dues à la géométrie et aux conditions physiques de l'écoulement. Les modèles multi-échelles tiennent compte de ces effets. Ce type de modèles a été mis en œuvre par Cler (1982), ensuite par Kim (1990), Aupoix (1987) et Wilcox (1988). La modélisation à échelles multiples a été étudiée aussi par Schiestel (1974), Launder et Schiestel (1978), Hanjalic et al. (1979) et par Schiestel (1983).

II-5 Simulations antérieures d'un écoulement au dessus d'une cavité

La cavité est une configuration qui permet d'étudier un écoulement complexe à partir d'une géométrie très simple. De ce fait, elle est beaucoup utilisée en simulation numérique tout comme la marche descendante. Cependant, la plus grande partie des simulations a été effectuée dans le domaine de l'acoustique.

Les premiers calculs, concernant l'écoulement d'une cavité carrée, ont été effectués par Odus R. Burggraf (1966). Pan et Acrivos (1967) ont étudié numériquement, par une technique de relaxation, l'écoulement stationnaire dans des cavités rectangulaires de rapports d'aspect de ½ à 5. Le mouvement, dans la cavité, est effectué par la translation uniforme de la paroi supérieure. Nallasamy et Prasad (1977) ont étudié, par la méthode des différences finies, l'écoulement au dessus d'une cavité carrée pour une large gamme du nombre de Reynolds. Ils ont examiné l'influence du nombre de Reynolds sur les caractéristiques du tourbillon secondaire situé à l'intérieur de la cavité. Les travaux de Hankey et Shang (1980) font partie des premiers calculs CFD en régime instationnaire. Leur étude est basée sur la résolution des équations de Navier –Stokes moyennées avec un schéma aux différences finies et un modèle de viscosité turbulente. Baysal et Stallings (1987) et Srinivasan et Baysal (1991) ont résolu l'écoulement de cavité en régime transsonique, par la méthode des volumes finis. Le succès de leurs résultats revient au modèle Baldwin-Lomax modifié. Shieh et Morris (1999, 2000) ont développé une méthode de calcul pour le domaine de l'acoustique. Qu'ils ont appliqué par la suite à l'écoulement de cavité. C'est une méthode de simulation RANS (Reynolds Averaged Navier-Stokes), basée sur le modèle de turbulence de Spalart-Allamras (1992). Shih et al. (1994) ont utilisé le modèle k-ε pour simuler un écoulement supersonique abordant une cavité rectangulaire. Soemarwoto et Koh (2001) ont étudié numériquement l'écoulement d'une cavité de rapports L/H et L/w égaux à 4.5. La simulation tridimensionnelle en régime supersonique est réalisée avec deux modèles de turbulence : le modèle k-ω et le modèle d'Euler combinant la modélisation de la couche limite avec les équations de Navier-Stokes en moyenne de Reynolds (RANS équations) et le modèle k-ω. Les résultats obtenus s'accordent parfaitement avec les résultats expérimentaux. Noger (1999) a effectué des simulations bidimensionnelle et tridimensionnelle de l'écoulement d'une cavité de rapport d'aspect égal à 11 avec le modèle k-ε. Les résultats de cette étude sont relativement satisfaisants, comparés à ceux de l'expérience. Néanmoins, cette étude montre que le modèle k-ε présente quelques faiblesses dans la prédiction des écoulements fortement tourbillonnaires ou encore les écoulements tourbillonnaires. Le tableau II-5 résume quelques travaux numériques antérieurs.

Dans la présente étude, nous avons opté pour deux modèles de turbulence : un modèle du 1er ordre et un modèle du 2ème ordre. Le modèle k-ω qui est un modèle du 1er ordre à deux équations de transport et le modèle RSM à faible nombre de Reynolds qui est un modèle du 2eme ordre basé sur les équations des tensions de Reynolds et l'équation du taux spécifique de dissipation ω. Les modèles basés sur l'équation de ε ne parviennent pas à prédire une loi de paroi satisfaisante et nécessitent l'application de fonctions de dissipation visqueuse complexes. En conséquence, de tels modèles sont généralement très difficiles à intégrer. Par contre, les modèles basés sur l'équation de ω ne nécessitent pas de corrections visqueuses particulières et sont plus faciles à mettre en œuvre (Wilcox, 1998).

Auteurs	L/H	2D/3D	Méthodes
Fulgsang et Cain (1992)	4.5	2D	RANS +BL+DNS
Shih et al. (1994)	5	2D	RANS+k-ε
Hardin et Pop (1995)	4	2D	URANS+acoustique
Zhang (1995)	3	2D	MANS+k-ε
Slimon (1998)	3	2D	URANS+k-ε+acoustique
Grace et Curtis (1999)	8	2D	URANS+acoustique
Jacob et al. (1999)	11	2D	URANS+acoustique
Colonius et al. (1999)	2 et 4	2D	DNS
Stanek et al. (1999)	9.3	3D	RANS+k-ε
Noger (1999)	11	2D et 3D	k-ε
Gloerfelt (2003)	4	2D	DNS
Hamed et al. (2003)	5	3D	URANS+DES
Rowley et Juttijudata (2005)	2	2D	DNS

Tableau II-5 : Travaux numériques antérieurs

II-6 Le modèle k-oméga

Le modèle k-oméga est un modèle basé sur les équations de transport de l'énergie cinétique turbulence k et du taux spécifique de dissipation ω. De nombreuses études ont montré que le modèle k-ω donne des résultats cohérents, notamment pour les écoulements cisaillés simples (Wilcox, 1988 ; Bredberg et al., 2001; Alberts-Chico et al., 2007 ; Seeta Ratnam & Vengadesan, 2007).

Étant donné que ce modèle sera mis en œuvre dans notre étude, nous rappelons brièvement sa formulation.

Équations du modèle

- **Équation de l'énergie cinétique**

$$U_j \frac{\partial k}{\partial x_j} = G_k - \gamma_k + \frac{\partial}{\partial x_j}\left[\Gamma_k \frac{\partial k}{\partial x_j}\right] \qquad \text{(II-28)}$$

- **Équation du taux spécifique de dissipation de l'énergie cinétique**

$$U_j \frac{\partial \omega}{\partial x_j} = G_\omega - \gamma_\omega + \frac{\partial}{\partial x_j}\left[\Gamma_\omega \frac{\partial \omega}{\partial x_j}\right] \qquad \text{(II-29)}$$

Γ_k et Γ_ω représentent la diffusivité effective pour k et ω respectivement :

$$\Gamma_k = \nu + \frac{\nu_t}{\sigma_k} \qquad \text{(II-30)}$$

$$\Gamma_\omega = \nu + \frac{\nu_t}{\sigma_\omega} \qquad \text{(II-31)}$$

σ_k et σ_ω sont les nombres de Prandtl pour k et ω respectivement ($\sigma_k = \sigma_\omega = 2$). La viscosité turbulente ν_t est déduite à partir d'une relation qui combine k et ω:

$$\nu_t = \alpha^* \frac{k}{\omega} \qquad \text{(II-32)}$$

Où le coefficient α^* est un terme qui inclut une correction à faibles nombres de Reynolds, nécessaire pour le traitement des sous couches visqueuses des régions pariétales, comme le montre son expression :

$$\alpha^* = \alpha_\infty^* \frac{\alpha_0^* + \dfrac{R_{e_T}}{R_k}}{1 + \dfrac{R_{e_T}}{R_k}} \qquad \text{(II-33)}$$

Pour les nombres de Reynolds élevés : $\alpha^* = \alpha_\infty^* = 1$

R_{e_T} est le nombre de Reynolds turbulent, s'exprimant comme suit :

$$R_{e_T} = \frac{k}{\nu\omega} \qquad \text{(II-34)}$$

et $\qquad R_k = 6; \quad \alpha_0^* = \dfrac{\beta_i}{3} \quad$ avec $\quad \beta_i = 0.072 \qquad$ (II-35)

Le terme de production de k est donné par:

$$G_k = \tau_{ij}\frac{\partial U_i}{\partial x_j} \qquad \text{(II-36)}$$

Où τ_{ij} est le tenseur des tensions de Reynolds:

$$\tau_{ij} = -\overline{u_i u_j} \qquad \text{(II-37)}$$

L'évaluation du terme G_k est basée sur l'hypothèse de Boussinesq comme le montre l'équation (II-38):

$$G_k = \nu_t S^2 \qquad \text{(II-38)}$$

où S est le taux moyen du tenseur de déformation S_{ij}, définis comme suit:

$$S = \sqrt{2S_{ij}S_{ij}} \quad ; \quad S_{ij} = \frac{1}{2}\left(\frac{\partial U_i}{\partial x_j} + \frac{\partial U_j}{\partial x_i}\right) \tag{II-39}$$

Le terme de production de ω est donné par :

$$G_\omega = \alpha \frac{\omega}{k} G_k \tag{II-40}$$

G_k est spécifié par l'équation (II-38) et le coefficient α s'exprime comme suit:

$$\alpha = \alpha_\infty \left(\frac{\alpha_0 + \dfrac{Re_T}{R_\omega}}{1 + \dfrac{Re_T}{R_\omega}}\right)\left(\frac{1 + \dfrac{Re_T}{R_k}}{\alpha_0^* + \dfrac{Re_T}{R_k}}\right) \tag{II-41}$$

Les constantes du modèle sont :

$$\alpha_\infty = 0.52; \quad \alpha_0 = \frac{1}{9}; \quad \alpha_0^* = \frac{\beta_i}{3} = 0.024; \quad R_\omega = 2.95; \quad R_k = 6 \tag{II-42}$$

Le terme de dissipation de k est donné par :

$$\Upsilon_k = \beta^* k\omega \tag{II-43}$$

Aux faibles nombres de Reynolds, β^* s'exprime comme suit :

$$\beta^* = \beta_0^* \dfrac{\dfrac{4}{15} + \left(\dfrac{Re_T}{R_\beta}\right)^4}{1 + \left(\dfrac{Re_T}{R_\beta}\right)^4} f_{\beta^*} \tag{II-44}$$

Où :

$$\beta_0^* = 0.09; \quad R_\beta = 8 \tag{II-45}$$

$$f_{\beta^*} = \begin{cases} 1, & \chi_k \le 0 \\ \dfrac{1 + 680\chi_k^2}{1 + 400\chi_k^2}, & \chi_k > 0 \end{cases} \qquad \chi_k \equiv \dfrac{1}{\omega^3}\dfrac{\partial k}{\partial x_j}\dfrac{\partial \omega}{\partial x_j} \tag{II-46}$$

Le terme de dissipation de ω s'écrit :

$$\Upsilon_\omega = \beta_i f_\beta \omega^2 \tag{II-47}$$

Où : f_β est une fonction des tenseurs de rotation et de déformation :

$$f_\beta = \dfrac{1 + 70\chi_\omega}{1 + 80\chi_\omega}, \qquad \chi_\omega \equiv \left|\dfrac{\Omega_{ij}\Omega_{jk}S_{ki}}{\left(\beta_\infty^*\omega\right)^3}\right| \tag{II-48}$$

Le tenseur de rotation Ω_{ij} est donné par :

$$\Omega_{ij} = \dfrac{1}{2}\left(\dfrac{\partial U_i}{\partial x_j} - \dfrac{\partial U_j}{\partial x_i}\right) \tag{II-49}$$

II-7 Le modèle Stress-ω à faibles nombres de Reynolds

Dans le modèle RSM, l'hypothèse de l'isotropie de la viscosité de la turbulence n'est pas considérée et la fermeture des équations de transport est basée sur la résolution des équations de transport des tensions de Reynolds et l'équation du taux de dissipation ε ou celle du taux spécifique de dissipation ω.

La variante du modèle RSM utilisée dans notre étude est basée sur l'équation de ω et qui tient compte des faibles nombres de Reynolds (Low Reynolds Stress Omega Model ou le modèle Stress-ω). C'est un modèle basé sur le modèle LRR (Launder Reec Rodi) et de l'équation de ω. Des modifications ont été apportées aux constantes du modèle LRR afin de prendre en considération des effets de parois caractérisés par un faible nombre de Reynolds. La différence entre le modèle LRR et le modèle Stress-ω est que le premier modèle utilise l'équation de ε alors que le deuxième utilise l'équation de ω. En plus, les termes caractérisant la réflexion pariétale dans le terme pression-déformation ont été négligés par le modèle Stress-ω. Les modèles k-ω ont fait preuve d'une bonne prédiction d'une large gamme d'écoulements turbulents, le modèle Stress-ω est désigné à s'appliquer à une plus large étendue (Wilcox, 1998).

Équations du modèle

Pour un écoulement incompressible et stationnaire en moyenne les équations modélisées peuvent se mettre sous la forme suivante:

- **L'équation modélisée des tensions de Reynolds**

$$U_k \frac{\partial R_{ij}}{\partial x_k} = P_{ij} - \frac{2}{3}\beta^* \omega k \delta_{ij} + \Pi_{ij} + \frac{\partial}{\partial x_k}\left[\left(\nu + \frac{\nu_t}{\sigma_\tau}\right)\frac{\partial R_{ij}}{\partial x_k}\right] \tag{II-50}$$

- **L'équation du taux spécifique de dissipation ω**

56

L'équation de transport de ω est identique à celle du modèle k-ω ; elle est donnée par l'équation (II-2). Quoique, la fonction α qui apparait dans le terme de production de ω, s'exprime différemment. Elle s'exprime comme suit:

$$\alpha = \alpha_\infty \left(\frac{\alpha_0 + \dfrac{R_{eT}}{R_\omega}}{1 + \dfrac{R_{eT}}{R_\omega}} \right) \left(\frac{3 + \dfrac{R_{eT}}{R_\omega}}{\beta_i + \dfrac{R_{eT}}{R_\omega}} \right) \tag{II-51}$$

Où: α_∞, α_0 et R_ω sont les constantes empiriques du modèle, égales à: 0.52, 0.105 et 6.20, respectivement. La constante σ_τ de l'équation (II-50) est : $\sigma_\tau = 2$.

L'expression de la viscosité turbulente v_t est identique à celle du modèle k-ω. Sauf que dans le modèle Stress-ω, α^* est donné par la relation suivante:

$$\alpha^* = \left(\frac{\alpha_0^* + \dfrac{R_{eT}}{R_k}}{1 + \dfrac{R_{eT}}{R_k}} \right) \tag{II-52}$$

Où : $R_k = 12$.

β^* de l'équation (II-50) est une fonction du nombre de Reynolds turbulent comme le montre l'expression suivante :

$$\beta^* = 0.09 \left(\frac{\dfrac{4}{15} + \dfrac{R_{eT}}{R_\beta}}{1 + \dfrac{R_{eT}}{R_\beta}} \right) f_{\beta^*} \qquad \text{(II-53)}$$

La constante $R_\beta = 12$, pour le modèle Stress-ω.

f_{β^*} est une fonction qui vérifie la condition suivante :

$$f_{\beta^*} = \begin{cases} 1 & \text{si } \chi_k \pounds 0 \\[2mm] \dfrac{1 + 640\chi_k^2}{1 + 400\chi_k^2} & \text{si } \chi_k > 0 \end{cases} \qquad \text{(II-54)}$$

χ_k est donnée par l'équation (II-48).

Ce modèle ne tient pas compte des termes de réflexion pariétale qui apparaissent dans le terme pression-déformation Π_{ij}. Cette dernière s'écrit alors comme suit :

$$\Pi_{ij} = \beta^* C_1 \omega \left(\tau_{ij} + \frac{2}{3}k\delta_{ij} \right) - \hat{\alpha}\left(P_{ij} - \frac{2}{3}P\delta_{ij} \right) - \hat{\beta}\left(D_{ij} - \frac{2}{3}P\delta_{ij} \right) - \hat{\gamma}k\left(S_{ij} - \frac{1}{3}S_{kk}\delta_{ij} \right) \qquad \text{(II-55)}$$

Où: $P_{ij} = \tau_{im}\dfrac{\partial U_j}{\partial x_m} + \tau_{jm}\dfrac{\partial U_i}{\partial x_m}$; $D_{ij} = \tau_{im}\dfrac{\partial U_m}{\partial x_j} + \tau_{jm}\dfrac{\partial U_m}{\partial x_i}$; $P = \dfrac{1}{2}P_{kk}$ (II-56)

S_{ij} est le tenseur de déformation, donné par l'équation (II-39).

Les coefficients de fermeture du modèle, tenant compte des effets des faibles nombres de Reynolds. Ils sont donnés par les expressions suivantes :

$$\hat{\alpha} = \frac{12 + \hat{\alpha}_\infty R_{eT}}{12 + R_{eT}}; \quad \hat{\beta} = \hat{\beta}_\infty \frac{R_{eT}}{12 + R_{eT}}; \quad \hat{\gamma} = \hat{\gamma}_\infty \frac{12\hat{\gamma}_0 + R_{eT}}{12 + R_{eT}}; \quad C_1 = \frac{9}{5}\frac{\dfrac{5}{3} + \dfrac{Re_T}{R_k}}{1 + \dfrac{Re_T}{R_k}} \qquad \text{(II-57)}$$

Où:
$$\hat{\alpha}_\infty = \frac{8+C_2}{11}, \quad \hat{\beta}_\infty = \frac{8C_2-2}{11}, \quad \hat{\gamma}_\infty = \frac{60C_2-4}{55} \qquad \text{(II-58)}$$

Les constantes C_2 et $\hat{\gamma}_0$ sont égales à : 0.52 et 0.007, respectivement

Nous récapitulons dans le tableau II-6 les équations ainsi que les constantes du modèle k-ω et ceux du modèle Stress- ω.

variable	Modèle k-ω	Modèle Stress-ω
k	$U_j \dfrac{\partial k}{\partial x_j} = \tau_{ij}\dfrac{\partial U_i}{\partial x_j} - \beta^* k\omega + \dfrac{\partial}{\partial x_j}\left[\left(\nu + \dfrac{\nu_t}{\sigma_k}\right)\dfrac{\partial k}{\partial x_j}\right]$	$k = \dfrac{1}{2}\overline{u_i u_i}$
ω	$U_j \dfrac{\partial \omega}{\partial x_j} = \alpha\dfrac{\omega}{k}\tau_{ij}\dfrac{\partial U_i}{\partial x_j} - \beta_i f_\beta \omega^2 + \dfrac{\partial}{\partial x_j}\left[\left(\nu + \dfrac{\nu_t}{\sigma_\omega}\right)\dfrac{\partial \omega}{\partial x_j}\right]$	$U_j \dfrac{\partial \omega}{\partial x_j} = \alpha\dfrac{\omega}{k}\tau_{ij}\dfrac{\partial U_i}{\partial x_j} - \beta_i f_\beta \omega^2 + \dfrac{\partial}{\partial x_j}\left[\left(\nu + \dfrac{\nu_t}{\sigma_\omega}\right)\dfrac{\partial \omega}{\partial x_j}\right]$
α	$\alpha_\infty \left(\dfrac{\alpha_0 + \dfrac{R_{eT}}{R_\omega}}{1 + \dfrac{R_{eT}}{R_\omega}}\right)\left(\dfrac{1 + \dfrac{R_{eT}}{R_k}}{\alpha_0^* + \dfrac{R_{eT}}{R_k}}\right)$	$\alpha_\infty \left(\dfrac{\alpha_0 + \dfrac{R_{eT}}{R_\omega}}{1 + \dfrac{R_{eT}}{R_\omega}}\right)\left(\dfrac{3 + \dfrac{R_{eT}}{R_\omega}}{3\alpha_0^* + \dfrac{R_{eT}}{R_\omega}}\right)$
ν_t	$\alpha_\infty^* \dfrac{\alpha_0^* + \dfrac{R_{eT}}{R_k}}{1 + \dfrac{R_{eT}}{R_k}}\dfrac{k}{\omega}$	$\dfrac{\alpha_0^* + \dfrac{R_{eT}}{R_k}}{1 + \dfrac{R_{eT}}{R_k}}\dfrac{k}{\omega}$
R_{ij}		$U_k \dfrac{\partial R_{ij}}{\partial x_k} = P_{ij} - \dfrac{2}{3}\beta^* \omega k\delta_{ij} + \Pi_{ij} + \dfrac{\partial}{\partial x_k}\left[\left(\nu + \dfrac{\nu_t}{\sigma_\tau}\right)\dfrac{\partial R_{ij}}{\partial x_k}\right]$
f_{β^*}	$\begin{cases} 1 & \text{si } \chi_k \le 0 \\[4pt] \dfrac{1 + 680\chi_k^2}{1 + 400\chi_k^2} & \text{si } \chi_k > 0 \end{cases}$	$\begin{cases} 1 & \text{si } \chi_k \le 0 \\[4pt] \dfrac{1 + 640\chi_k^2}{1 + 400\chi_k^2} & \text{si } \chi_k > 0 \end{cases}$
Const.	$\alpha_\infty = 0.52; \quad \alpha_0 = \dfrac{1}{9}; \quad \alpha_0^* = 0.024;$ $R_\omega = 2.95; \quad R_k = 6; \quad R_\beta = 8; \quad C_2 = \dfrac{13}{25}$	$\alpha_\infty = 0.52; \quad \alpha_0 = \dfrac{21}{200}; \quad \alpha_0^* = 0.024;$ $R_\omega = 6.2; \quad R_k = 12; \quad R_\beta = 12; \quad C_2 = \dfrac{13}{25}$

**Tableau III-6 : Tableau récapitulatif des équations
et des constantes des modèles k-ω et Stress-ω**

II-8 Traitement des parois

Beaucoup d'expériences ont montré que la région pariétale peut être subdivisée en trois couches. Une couche interne, très proche des parois, où les effets visqueux sont prépondérants, une couche externe où les effets turbulents sont prédominants et une zone intermédiaire, appelée zone tampon, qui associe les effets de la turbulence et ceux de la viscosité.

Des échelles caractéristiques de la région pariétale sont définies par :

$$y_\tau = \frac{\nu_\tau}{U_\tau}; \quad U_\tau = \sqrt{\frac{\tau_p}{\rho_p}} \tag{II-59}$$

Où U_τ est la vitesse de frottement et $\tau_p = \mu\left(\frac{\partial U}{\partial y}\right)_{y=0}$ est la contrainte à la paroi.

Les grandeurs physiques sont alors adimensionnées comme suit :

$$y_+ = \frac{y}{y_\tau}; \quad U_+ = \frac{U}{U_\tau} \tag{II-61}$$

Dans la sous couche visqueuse, où $y_+ < 5$, U_+ suit une loi linéaire en fonction de y_+ qui s'écrit :

$U_+ = y_+$

Dans la couche externe où l'écoulement est totalement contrôlé par la turbulence, U_+ obéit à une loi logarithmique. Cette couche est située à $y_+ > 60$. La zone tampon, joue un rôle de raccordement entre les sous-couches visqueuse et turbulente ; elle est située à $5 < y_+ < 60$.

La Figure II-2 montre les trois couches de la zone pariétale.

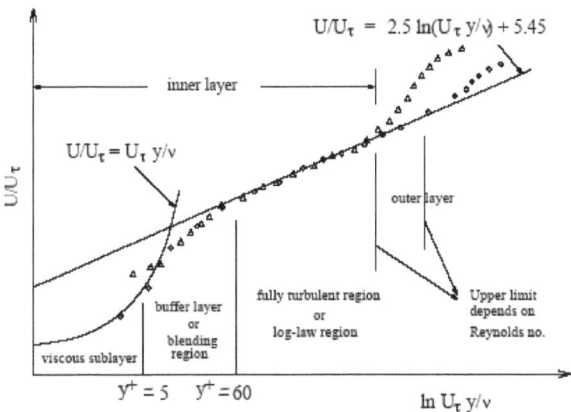

Figure II-2 : Subdivision de la région pariétale

La modélisation de la région pariétale est très importante dans la simulation numérique car la présence des parois constitue la principale source de vorticité, de turbulence et de forts gradients des variables de l'écoulement. Il existe deux approches pour modéliser l'écoulement dans la région pariétale. La première approche consiste à ne pas résoudre l'écoulement dans la région de la sous couche visqueuse et d'appliquer des fonctions empiriques dites fonctions de paroi. Cependant, l'utilisation de ces fonctions exige la modification et l'adaptation des modèles de turbulence pour tenir compte de la présence des parois dans l'écoulement. La deuxième approche consiste à adapter les modèles de turbulence afin de résoudre toutes les sous-couches y compris la sous couche-visqueuse. Cette approche nécessite un maillage très raffiné près des parois.

II-8.1 Traitement des parois pour le modèle k-ω

Le modèle k-ω utilise une loi de paroi améliorée (Enhanced wall functions) qui décrit l'écoulement sur toute la couche interne en couplant les lois des couches, visqueuse et logarithmique et en traitant correctement la couche tampon par un lissage approprié. Elle tient compte aussi de l'effet du gradient de pression et d'éventuels effets thermiques. Fluent utilise la loi suggérée par Kader (1981) pour raccorder les deux couches. Celle-ci s'exprime comme suit :

$$U^+ = e^\Gamma U^+_{lam} + e^{1/\Gamma} U^+_{turb}$$ (II-60)

La fonction de raccordement est donnée par l'expression suivante :

$$\Gamma = \frac{a\left(y^+\right)^4}{1+by^+}$$ (II-60)

a et b sont des constantes égales à 0.01 et 0.5, respectivement et y^+ est la variable normal à la paroi donnée par :

$$y^+ = \frac{U_\tau y_p}{\nu}$$ (II-61)

Où y_p est la distance du point p à la paroi.
La fonction dérivée de U^+ s'exprime également en fonction de Γ comme suit:

$$\frac{dU^+}{dy^+} = e^\Gamma \frac{dU^+_{lam}}{dy^+} + e^{1/\Gamma} \frac{dU^+_{turb}}{dy^+}$$ (II-63)

Cette formule garantit un comportement asymptotique correct pour les grandes valeurs de y^+ ainsi que pour les petites valeurs et aussi une représentation raisonnable des profils de vitesse dans le cas où y^+ se situe dans la zone tampon $(3<y^+<10)$ (Fluent 6.2 documentation, 2006).

La valeur de ω est calculée à partir des relations suivantes :

$$\omega_p = \frac{U^{*2}}{\nu} \omega^+ \qquad \text{(II-64)}$$

Où :
$$U^* = \frac{U_p C_\mu^{1/4} k_p}{\tau_p / \rho} \qquad \text{(II-65)}$$

U_p et k_p sont respectivement, la vitesse moyenne et l'énergie turbulente au point p.

Dans la sous couche visqueuse, dans le cas d'une surface lisse, ω^+ est donnée par la relation suivante :

$$\omega^+ = \frac{6}{\beta_i y^{+2}} \qquad \text{(II-66)}$$

Dans la zone turbulente, elle s'exprime par l'équation (II-67):

$$\omega^+ = \frac{1}{\sqrt{\beta_0^*}} \frac{dU_{turb}^+}{dy^+} \qquad \text{(II-67)}$$

Dans la zone tampon, la valeur de ω^+ est calculée à partir de ces deux relations. Dans la région pariétale, le modèle k-ω traite l'équation de k de la même manière que le modèle k-ε. L'équation de l'énergie cinétique turbulente k est résolue dans tout le domaine de calcul. Au niveau des parois, Fluent considère $\frac{\partial k}{\partial n} = 0$; n étant la coordonnée normale à la paroi.

II-8.2 Traitement des parois par le modèle Stress-ω

Le modèle Stress-ω utilise un traitement des parois amélioré. Celui-ci est basé sur une méthode de modélisation qui combine le modèle à deux couches avec une fonction de parois améliorée. L'approche à deux couches subdivise la région pariétale en une sous couche visqueuse et une zone pleinement turbulente. Ces deux régions sont délimitées par la valeur du nombre de Reynolds Re_y:

$$Re_y = \frac{y_p \sqrt{k}}{\nu} \qquad \text{(II-67)}$$

y_p est la distance normale, de la paroi aux centres des cellules adjacentes.

La région turbulente est caractérisée par un Reynolds $Re_y > Re^*$ où $Re^* = 200$ et la sous couche visqueuse par un Reynolds $Re_y < Re^*$.

Dans la région pleinement turbulente, toutes les variables sont déterminées par les équations de transport.

Dans la sous couche visqueuse, Fluent utilise le modèle à une équation de Wolfshtein (1969). Les équations de transport sont résolues sur tout le domaine de calcul. La viscosité turbulente est calculée par l'équation suivante :

$$\mu_{t(2couches)} = \rho C_\mu \ell_\mu \sqrt{k} \qquad \text{(II-68)}$$

L'échelle de longueur ℓ_μ s'obtient par la relation suivante :

$$\ell_\mu = y C_l^* (1 - \exp\frac{-R_{ey}}{70}) \qquad \text{(II-69)}$$

Où
$$C_l^* = \kappa C_\mu^{-3/4} \qquad \text{(II-70)}$$

κ est la constante de Von Kármán et C_μ une constante empirique, égale à 0.09.

L'expression de la viscosité dans la sous couche visqueuse est raccordée à celle de la région turbulente par la relation suivante:

$$\mu_{t/e} = \lambda_e \mu_t + (1 - \lambda_e)\mu_{t(2couches)} \qquad \text{(II-71)}$$

64

μ_t est la viscosité turbulente et λ_e est une fonction de raccordement qui s'annule ($\lambda_e = 0$) proche des parois et est égale à 1 dans la zone turbulente. Elle s'exprime par l'équation (II-72) dans la couche tampon.

$$\lambda_e = \frac{1}{2}\left[1 + \tanh\left(\frac{Re_y - Re^*}{A}\right)\right] \tag{II-72}$$

Où : $A = \dfrac{|\Delta Re_y|}{\tanh(0.98)}$

Une valeur de 5% à 20% est attribuée, généralement à ΔRe_y.

II-8 Conclusion

De nombreux modèles de turbulence ont été développés ces dernières années. Malgré les énormes progrès quant à la compréhension des mécanismes gouvernant les écoulements turbulents et en dépit de l'augmentation phénoménale de la puissance des calculateurs, la simulation rigoureuse d'écoulements turbulents d'intérêt industriel reste encore difficile. Elle fait encore l'objet d'intenses travaux de recherche. Les difficultés à surmonter dans ce domaine sont encore nombreuses, en particulier celles de la prédiction d'écoulements turbulents instationnaires autour de géométries réalistes. Cependant, la simulation numérique seule ne suffit toujours pas mais doit être validée par des mesures expérimentales provenant de situations réelles.

Chapitre III

Technique numérique

III-1 Introduction

Le système d'équations qui gouvernent le phénomène de transport des écoulements turbulents est formé d'équations aux dérivées partielles, non linéaires et couplées. Plusieurs techniques de résolution numérique de ce système d'équations ont été développées depuis que l'approche numérique des écoulements turbulents s'est imposée. Ces techniques de résolution varient en fonction du type de problème étudié. Une procédure de discrétisation, qui consiste à remplacer l'information dans la solution exacte du système par des valeurs discrètes en chaque point du domaine de calcul, est appliquée afin de convertir ce système d'équations à un système d'équations algébriques qui peuvent être résolues numériquement de façon itérative ou directe. Parmi les différentes méthodes de discrétisation, exprimant la solution en différents points du domaine de calcul, nous citerons :

- Les différences finies
- Les éléments finis
- Les volumes finis
- Les méthodes spectrales

La méthode des différences finies (MDF) est basée sur la discrétisation du domaine de calcul en un nombre fini de points, sur lesquels les opérateurs de dérivation des équations modèles sont approchés par des développements en séries de Taylor tronquées à l'ordre de précision choisie. La méthode des éléments finis (MEF) repose sur un découpage du domaine d'étude en domaines élémentaires de dimension finie. La fonction inconnue est alors approchée sur chacun de ces domaines appelés éléments finis par un polynôme dont le degré peut changer suivant le cas étudié. La méthode des volumes finis commence par le découpage du domaine de calcul en volumes élémentaires appelés volumes de contrôle. L'intégration des équations algébriques, obtenues par discrétisation des équations de transport aux dérivées partielles, est ensuite effectuée sur chaque volume de contrôle. Cette méthode a l'avantage de satisfaire la conservation de la masse sur chaque volume de contrôle ; c'est une technique largement utilisée pour la résolution numérique des écoulements turbulents.

La méthode spectrale (MS) consiste à remplacer dans les équations modèles l'inconnue par des développements tronqués sur des bases de fonctions orthogonales (polynômes Chebychev, Legendre, Fourier), afin de se ramener à un système d'équations différentielles plus simples à résoudre.

C'est la méthode des volumes finis qui est utilisée par le code de calcul Fluent. Nous donnerons alors dans ce chapitre plus de détails sur la procédure de la méthode.

III-2 Méthode des volumes finis

La méthode des volumes finis a été décrite pour la première fois en 1971 par Patankar et Spalding et a été publié par Patankar en 1980.

III-2.1 Différentes étapes de la mise en œuvre de la technique

- Le domaine de calcul est discrétisé en un nombre fini de points qui correspondent aux nœuds du maillage. Autour de ces points sont définis des volumes élémentaires adjacents, qui représentent les volumes de contrôle.
- Les équations discrétisées sont alors intégrées sur chaque volume de contrôle.
- Les intégrales sur un volume de contrôle en un nœud du maillage sont évaluées en approchant la variation de la variable Φ par des profils ou des lois d'interpolation entre les nœuds voisins du nœud considéré.
- Écriture des équations algébriques en fonction des valeurs de la variable Φ aux nœuds du maillage.
- Résolution du système algébrique linéaire obtenu.

Cette méthode est largement décrite dans la littérature (Patankar, 1980) et Versteeg & Malasekera, 1995).

III-2.2 Principe de la méthode

Les équations de transport, pour un écoulement stationnaire, sont mises sous la forme généralisée suivante (Patankar, 1980) :

$$\frac{\partial}{\partial x}(\rho U\Phi) + \frac{\partial}{\partial y}(\rho V\Phi) - \frac{\partial}{\partial x}\left(\Gamma_\Phi \frac{\partial \Phi}{\partial x}\right) - \frac{\partial}{\partial y}\left(\Gamma_\Phi \frac{\partial \Phi}{\partial y}\right) = S_\Phi \qquad \text{(III-1)}$$

Où Φ représente la variable dépendante du problème U, V, k, R_{ij}, ε, ω ...., Γ_Φ est le coefficient de diffusivité généralisé comme la viscosité ou la conductivité thermique et S_Φ est le terme généralisé de la source qui caractérise les mécanismes de génération et de destruction de Φ. Tout terme ne pouvant pas s'exprimer en tant que terme de diffusion ou de convection, comme le terme de pression dans les équations de quantité de mouvement, peut généralement être inclus dans le terme source.

L'équation de conservation de la masse, exprimée par l'équation de continuité, est jointe aux équations de transport. Celle-ci s'écrit, pour un écoulement bidimensionnel incompressible, comme suit :

$$\frac{\partial U}{\partial x} + \frac{\partial V}{\partial y} = 0 \qquad \text{(III-2)}$$

Les coefficients d'échanges et les termes sources des différentes équations du modèle k-ω sont donnés dans le tableau III-1 et ceux du modèle Stress-ω sont indiqués dans le tableau III-2.

Les équations aux dérivées partielles sont approchées par un système algébrique discret qui permet d'utiliser la méthode du volume de contrôle entourant chaque point de discrétisation. Les équations algébriques sont alors intégrées sur une cellule dite volume fini.

Équation	Φ	S_ϕ	Γ_Φ
Quantité de mouvement suivant i	U_i	$-\dfrac{\partial P}{\partial x_i} + \dfrac{\partial}{\partial x_i}\left(\mu_e \dfrac{\partial U_i}{\partial x_i}\right) + \dfrac{\partial}{\partial x_j}\left(\mu_e \dfrac{\partial U_j}{\partial x_i}\right)$	$\mu_e = \mu_t + \mu$
continuité	1	0	0
Énergie cinétique	k	$\rho\tau_{ij}\dfrac{\partial U_i}{\partial x_j} - \rho\beta^*\omega^2$	$\mu + \dfrac{\mu_t}{\sigma_k}$
Taux spécifique de dissipation	ω	$\rho\alpha\dfrac{\omega}{k}\tau_{ij}\dfrac{\partial U_i}{\partial x_j} - \rho\beta_i f_\beta\omega^2$	$\mu + \dfrac{\mu_t}{\sigma_\omega}$

Tableau III-1 : Les coefficients d'échanges et les termes sources
des différentes équations du modèle k-ω

Équation	Φ	S_ϕ	Γ_Φ
Quantité de mouvement suivant i	U_i	$-\dfrac{\partial P}{\partial x_i} + \dfrac{\partial}{\partial x_i}\left(\mu_e \dfrac{\partial U_i}{\partial x_i}\right) + \dfrac{\partial}{\partial x_j}\left(\mu_e \dfrac{\partial U_j}{\partial x_i}\right)$	$\mu_e = \mu_t + \mu$
continuité	1	0	0
Taux spécifique de dissipation	ω	$\rho\alpha\dfrac{\omega}{k}\tau_{ij}\dfrac{\partial U_i}{\partial x_j} - \rho\beta_i\omega^2$	$\mu + \dfrac{\mu_t}{\sigma_\omega}$
Tensions de Reynolds	τ_{ij}	$-P_{ij} + \dfrac{2}{3}\beta^*\omega k\delta_{ij} - \Pi_{ij}$	$\mu + \dfrac{\mu_t}{\sigma_\tau}$

Tableau III-2 : Les coefficients d'échanges et les termes sources
des différentes équations du modèle Stress-ω

Les expressions des termes qui apparaissent dans les deux tableaux III-1 et III-2 sont détaillées dans le chapitre II.

III-2.3 Discrétisation des équations de transport

Un exemple de maillage est indiqué par la Figure III-1. Le rectangle hachuré représente un volume élémentaire d'intégration. Les points E, W, N et S sont les nœuds du maillage entourant le point P de discrétisation et les points e, w, n, s sont situés sur les faces du volume de contrôle.

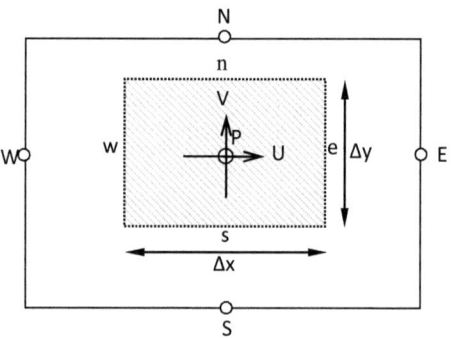

Figure III-1 : Volume de contrôle pour un maillage cartésien

En combinant les flux de convection et de diffusion, l'équation III-1 peut se mettre sous la forme suivante :

$$\frac{\partial J_x}{\partial x} + \frac{\partial J_y}{\partial y} = S_\Phi \qquad (III-3)$$

Où J_x et J_y représentent les flux totaux de la grandeur Φ dans les directions x et y, respectivement.

$$J_x = \rho U \Phi - \Gamma_\Phi \frac{\partial \Phi}{\partial x} \; ; \qquad J_y = \rho U \Phi - \Gamma_\Phi \frac{\partial \Phi}{\partial y} \qquad (III-4)$$

Le coefficient de diffusion Γ_Φ et terme source S_Φ sont des termes spécifiques à chaque équation de transport.

Chaque équation est intégrée sur les volumes de contrôle, donnant ainsi un système d'équations discrètes.

Deux types de maillage peuvent être considérés dans la procédure de calcul : le maillage décalé et le maillage non décalé ou Colocatif. Le maillage décalé permet de calculer les vitesses en des points décalés par rapports à ceux où les pressions sont calculées. Cette méthode s'est imposée depuis longtemps dans le calcul des écoulements incompressibles afin de permettre l'obtention d'une solution en pression ne présentant pas "d'oscillations en damier" (Deng, 1989).

Le maillage colocatif ou non décalé permet de calculer les vitesses et les pressions aux centres des cellules. La principale question qui se pose lors de l'utilisation de cette méthode est comment localiser des variables dépendantes sans entrainer ces "oscillations en damier", qui sont restées longtemps inévitables avec ce type de maillage. L'équation III-1 discrétisée exige une valeur de la pression aux faces des cellules d'où la nécessité de l'utilisation d'un schéma d'interpolation pour calculer les valeurs de la pression aux faces des cellules à partir des valeurs aux centres. Rhie et Show ont proposé en 1983 une méthode d'interpolation qui permet d'utiliser un maillage colocatif tout en évitant ces "oscillations en damier".

C'est ce type de maillage qui est utilisé par le code de calcul FLUENT. Cette procédure de calcul fonctionne bien tant que la variation de la pression entre les centres des cellules n'est pas très importante (documentation, FLUENT 6.3).

Fluent stocke les valeurs de la pression aux centres des cellules. Nous avons utilisé le schéma "Second Order" pour calculer les valeurs des pressions aux faces des cellules, nécessaires pour la résolution de l'équation de quantité de mouvement. Ce schéma semble être plus précis que les schémas "Standard" et "Linear". Pour les termes des équations de transport, nous avons utilisé le schéma "Power-law". Ce schéma est une plus précise approximation de la solution unidimensionnelle exacte et donne de meilleurs résultats que le schéma hybride (Versteeg & Malalasekera, 1995).

III-3 Le maillage

Dans la présente étude, le système de grille est cartésien et le maillage est structuré avec des cellules quadrilatères. Le domaine de calcul est subdivisé en deux parties : une première partie, située à y<H, qui comprend la cavité et une deuxième

partie, située à y>H, qui comprend la région externe de la cavité. Le domaine de calcul est indiqué dans la Figure III-2.

Lors du maillage du domaine de calcul, nous avons procédé à un resserrement des cellules près des parois afin de tenir compte des variations rapides des différentes grandeurs dans ces régions. Le maillage est généré par une suite géométrique permettant un resserrement progressif à l'approche des parois.

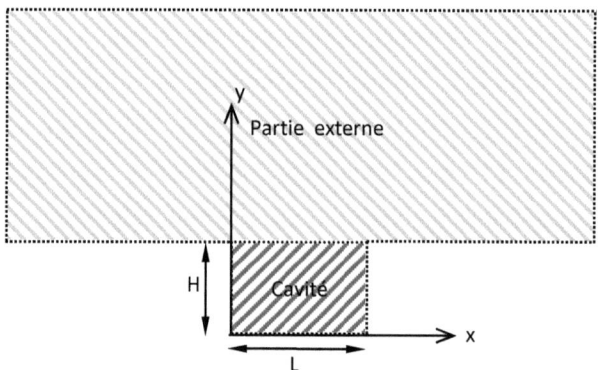

Figure III-2 : Domaine de calcul

Nous avons effectué une étude préliminaire avec quatre grilles différentes. Le tableau III-3 donne le nombre de cellules des grilles testées. Nous nous sommes basés, pour un choix judicieux du maillage, sur la comparaison du profil expérimental du coefficient de pression à la paroi inférieure de la cavité d'Estève et al. (2000) avec ceux obtenus avec ces différentes grilles.

Grille	Région interne (y<H)	Région externe (y>H)
1	100X50	390X60
2	100X60	420X70
3	110X60	440X70
4	100X70	460X80

Table III-3 : Nombre de nœuds des différentes grilles du teste du maillage

La Figure III-3 regroupe le résultat du calcul avec ces différentes grilles et celui de l'expérience. Nous constatons un très faible écart entre les différents profils numériques.

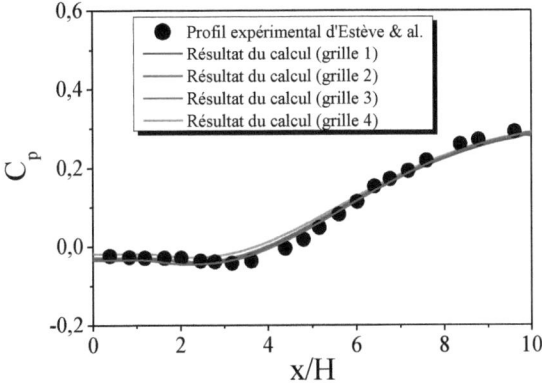

Figure III-3 : Test du maillage sur le profil du coefficient de pression le long de la paroi inférieure

Ainsi, nous avons retenue la grille 2 pour l'étude de la cavité de rapport d'aspect égal à 10 (Figure III-4). La conception des grilles des maillages des autres cas étudiés est basée sur la même procédure. Nous avons essayé de maintenir un raffinement identique à celui de la grille 2 dans les deux directions.

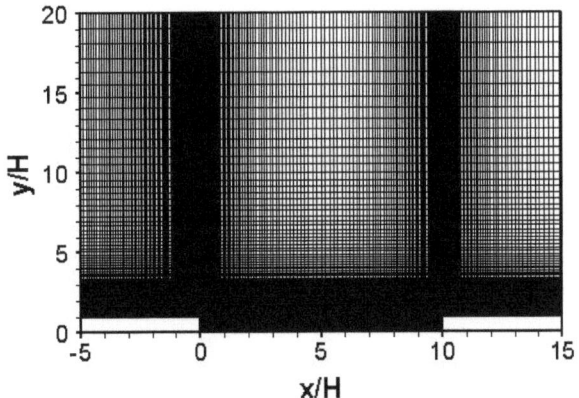

Figure III-4 : Grille du maillage

III-4 Couplage vitesse-pression

L'absence d'équations explicites pour le champ de pression nécessite un algorithme de couplage vitesse-pression pour les équations de quantité de mouvement. La pression est alors ajustée de façon à satisfaire l'équation de continuité.

Dans le cas de la première partie de notre étude, le couplage vitesse-pression est réalisé par l'algorithme SIMPLEC (Simple Consistent) de Van Doormal et Raithby (1984). Cet algorithme suit les mêmes étapes que celles suivies par l'algorithme SIMPLE sauf que SIMPLEC néglige des termes, moins importants, dans la correction des équations de vitesse que ceux négligés par l'algorithme SIMPLE (Versteeg & Malalasekera, 1995). Le principal avantage de SIMPLEC est la faible sensibilité de sa performance face aux facteurs de sous relaxation, contrairement à SIMPLE qui demande plus d'ajustements pour atteindre la même performance (Binet, 1998).

III-5 Sous relaxation

Les variations brutales des amplitudes qui se produisent souvent au cours des premières itérations sont déstabilisantes. Des sous relaxations sont alors nécessaires pour les variables générales. Un facteur d'amortissement est alors introduit de manière à ce que la valeur de la variable Φ à l'itération n+1 soit :

$$\Phi_{n+1} = \Phi_n + \alpha(\Phi^* - \Phi_n) \qquad (\text{III-5})$$

Φ^* est la valeur de la variable Φ à l'itération n+1 et Φ_n sa valeur à l'itération n.

La valeur du coefficient de sous relaxation α est compris entre 0 et 1. Les valeurs choisies dans notre cas sont indiquées par le tableau III-3.

Variable Φ	U, V	P	K	ω	R_{ij}
α	0.4	0.5	0.4	0.4	0.4

Tableau III-3 : Facteurs de sous relaxation

III-6 Conditions aux limites

Nous avons imposé des conditions à chaque frontière du domaine de calcul pour toutes les configurations considérées dans notre étude. Les domaines de calcul utilisés pour les deux configurations de l'écoulement entrant sont détaillés sur les Figures III-5.a. et III-5.b.

Conditions d'entrée

A l'entrée AF du domaine de calcul, nous avons imposé des profils constants pour toutes les grandeurs physiques :

$U=U_{in}$; $V=0$; $I=I_0$

Où I_0 est l'intensité de turbulence imposée à l'entrée du domaine et ℓ est une longueur caractéristique de l'écoulement, choisie égale à $\frac{1}{2}\delta$.

Fluent calcule l'énergie cinétique turbulente et son taux spécifique de dissipation à partir des relations suivantes :

$$k = \frac{3}{2}\left(I_0.U_{in}\right)^2 \quad \text{et} \quad \omega = \frac{k^{1/2}}{\ell.C_\mu^{1/4}} \tag{III-6}$$

À l'entrée GF, des profils nuls pour toutes les grandeurs physiques ont été imposés.

Conditions de sortie

Aucune grandeur n'est connue au préalable aux frontières de sortie du domaine de calcul, DE et EG, nous avons supposé que l'écoulement est complètement développé, nous avons donc imposé la condition d'un gradient normal nul : $\frac{\partial \Phi}{\partial n} = 0$, pour toutes les grandeurs sauf la pression.

Conditions aux parois

La condition de non glissement ($U=V=0$) est imposée. Pour l'énergie cinétique turbulente, Fluent considère $\frac{\partial k}{\partial n} = 0$; n étant la coordonnée normale à la paroi.

Le taux spécifique de dissipation de l'énergie cinétique turbulente tend vers une valeur asymptotique, donnée par l'équation (II-7), à la paroi (Wilcox, 1998).

$$\omega_p \to \frac{6\nu_p}{\beta_i y^2} \quad \text{lorsque } y \to 0 \qquad (\text{II-7})$$

Conditions initiales

Nous avons initialisé les profils de toutes les grandeurs physiques dans tout le domaine de calcul par les profils d'entrée de la frontière AF.

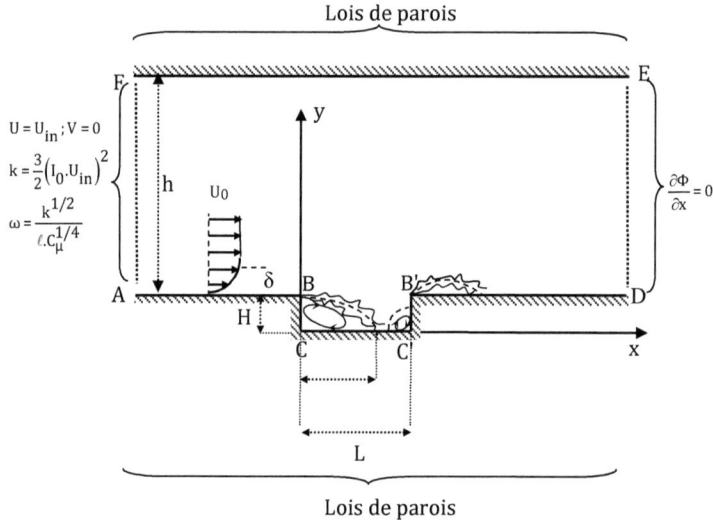

Figure III-5.a : *Schéma de la configuration de l'écoulement de couche limite*

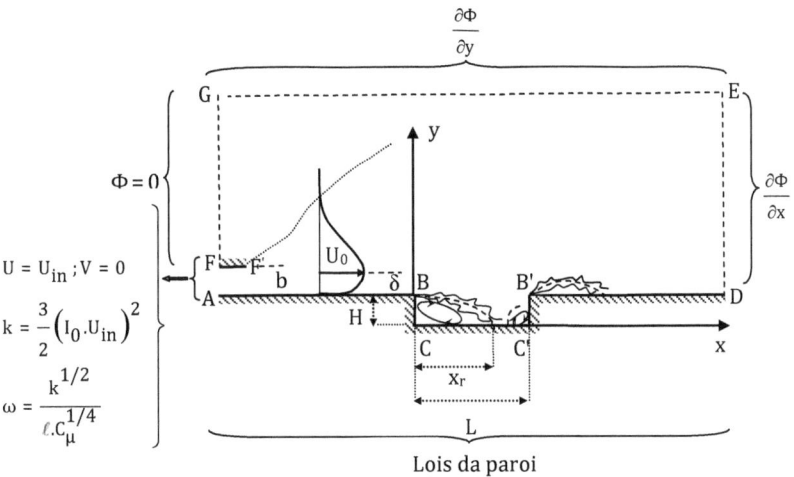

$$\frac{\partial \Phi}{\partial y}$$

$\Phi = 0$

$U = U_{in} ; V = 0$

$$k = \frac{3}{2}\left(I_0 . U_{in}\right)^2$$

$$\omega = \frac{k^{1/2}}{\ell . c_\mu^{1/4}}$$

$$\frac{\partial \Phi}{\partial x}$$

Lois da paroi

Figure III-5.b : *Schéma de la configuration de l'écoulement de jet pariétal*

III-5 Contrôle de la convergence

La convergence est vérifiée à travers l'évolution des valeurs des résidus aux cours des itérations et de l'évolution des valeurs individuelles en trois points du domaine des grandeurs physiques comme les deux composantes de la vitesse, l'énergie de turbulence et le taux spécifique de dissipation. La convergence du processus est considérée atteinte lorsque la valeur de chaque variable atteint une valeur asymptotique. Nous vérifions aussi que la pression pariétale et le gradient de vitesse à la paroi inférieure de la cavité ne subissent aucune variation au cours des dernières itérations. La Figure III-6 montre l'évolution des résidus au cours des itérations et la Figure III-7 illustre l'évolution des deux composantes de la vitesse, celle de l'énergie cinétique et celle de ω en trois points distincts du domaine.

On constate que la convergence est atteinte à 10000 itérations où toutes les grandeurs sont stabilisées (Figures III-7(a) et III-7 (b)).

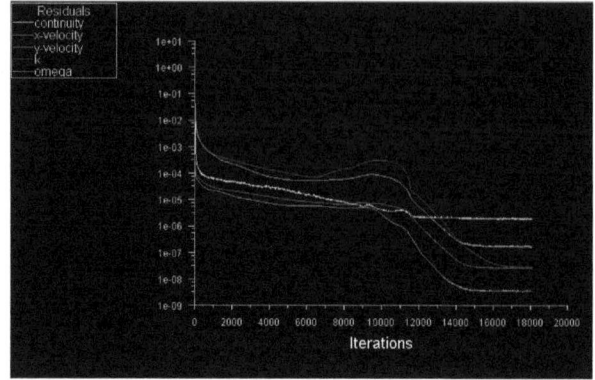

Figure III-6 : Évolution des résidus en fonction du nombre d'itérations

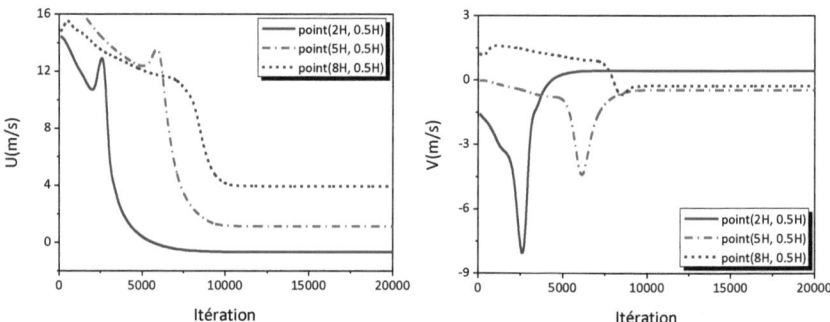

Figure III-7(a) : Évolution des composantes de la vitesse au cours des itérations

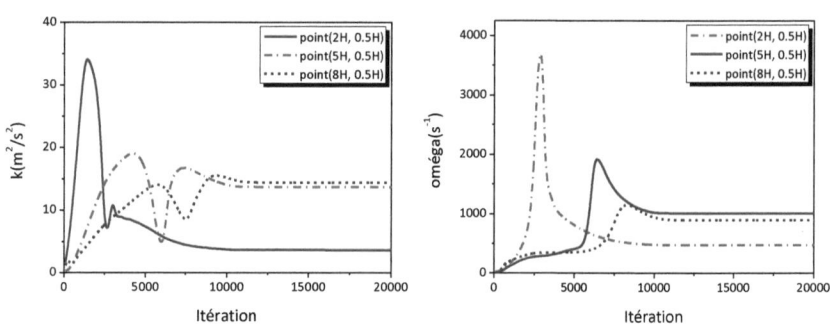

Figure III-7(b) : Évolution de l'énergie cinétique turbulente et de son taux
spécifique de dissipation au cours des itérations

78

III-7 Conclusion

La méthode numérique utilisée dans notre étude est celle des volumes finis avec un maillage colocatif. L'interpolation de la pression est effectuée par le schéma d'interpolation "Second Order" et celle des termes des équations de transport est réalisée par le schéma d'interpolation "Power Law". Le maillage est structuré non uniforme avec des cellules quadrilatères. Un raffinement du maillage est effectué près des parois afin de considérer les importants gradients des grandeurs physiques dans ces régions. Le choix de la grille du maillage est basé sur la comparaison des profils numériques du coefficient de pression à la paroi du fond de la cavité avec le profil expérimental. Dans la première partie de notre étude, le couplage vitesse-pression est réalisé par l'algorithme SIMPLEC.

Chapitre IV

Résultats et discussion

IV-1 Introduction

L'ensemble des résultats obtenus sont regroupés dans ce chapitre pour mettre en évidence l'influence de l'écoulement incident sur l'écoulement dans une cavité rectangulaire.

Ce chapitre comporte trois parties principales :

La première partie interprète les résultats d'une étude préliminaire effectuée dans le but de valider les modèles de turbulence utilisés. Il s'agit de la caractérisation de l'écoulement d'un jet plan pariétal et celle de l'écoulement derrière une marche descendante sous l'incidence d'un jet plan pariétal.

Dans la seconde partie, nous exposons les résultats de l'étude de l'interaction d'un jet plan pariétal et d'une cavité rectangulaire. L'évolution de l'écoulement de cavité issu de l'interaction jet/cavité est comparée à celle issue de l'interaction couche limite/cavité. L'effet du rapport d'aspect est examiné dans cette partie.

Une étude détaillée de l'écoulement d'une cavité de rapport d'aspect égal à 10 est présentée dans la troisième partie avec une analyse de l'effet des caractéristiques de l'écoulement amont ainsi que de celui du rapport de la profondeur de la cavité sur la hauteur de la buse.

Partie I
IV-2. Validation des modèles numériques
IV-2.1 Similarité du jet plan pariétal

Le jet plan pariétal est l'écoulement d'un fluide débouchant d'une buse de section rectangulaire tangentiellement à une surface plane. Ce type d'écoulement peut être considéré comme un écoulement de cisaillement à deux couches : une couche interne qui s'étend de la paroi à la ligne de vitesse maximale et est qualitativement similaire à une couche limite turbulente ainsi qu'une couche externe qui s'étend de y_m jusqu'au bord extérieur, analogue à celle d'un jet libre. Cependant, l'interaction entre ces deux couches provoque un changement dans leur évolution comparée à celle de l'écoulement de couche limite et celle du jet libre (Eriksson, 2003).

Les jets pariétaux ont fait l'objet de nombreuses études du fait qu'ils sont le siège de petites et grandes échelles de turbulence, d'importants gradients, des effets de parois, d'une intensité de turbulence élevée dans la région externe et d'une forte anisotropie dans la région interne. Ce type d'écoulement intervient dans de nombreuses applications industrielles, à savoir l'isolation thermique, le refroidissement par film d'air, le lissage des solides, le nettoyage des surfaces…etc.

L'écoulement du jet plan pariétal a été étudié avec deux modèles de turbulence, le modèle k-ω et le modèle Stress- ω à faible nombre de Reynolds. Les résultats numériques obtenus par ces deux modèles ont été confrontés à des données expérimentales.

La nomenclature adoptée, le système d'axes, les échelles de normalisation caractéristiques de l'écoulement et le domaine de calcul sont indiqués dans la (Figure IV-1).

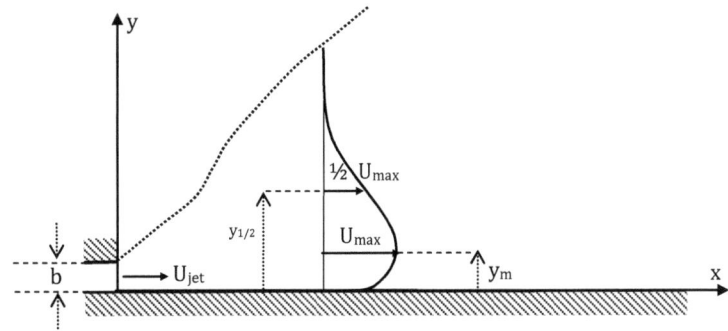

Figure IV-1. Schématique de l'écoulement du jet plan pariétal

81

IV-2.1.1 Vitesse moyenne du jet

Nous avons utilisé les échelles usuelles de normalisation U_{max} pour la vitesse et $y_{1/2}$ pour les longueurs.

La Figure IV-2 illustre les profils de vitesses moyennes longitudinale et normale adimensionnés par la vitesse U_{max}. Ces tracés regroupent les résultats expérimentaux d'Eriksson et al. (1998) pour un nombre de Reynolds de 9600, le profil théorique proposé par Launder et Rodi (1983) et ceux obtenus dans la présente étude par les modèles k-ω et Stress- ω, pour un nombre de Reynolds de 16000. On constate globalement que les profils calculés par les deux modèles de turbulence sont en bon accord avec le profil théorique de Launder et Rodi (1983) ainsi que les profils expérimentaux d'Eriksson et al. (1998).

On remarque que le maximum de vitesse se produit à $y/y_{1/2} \approx 0.15$; résultat obtenu par plusieurs auteurs.

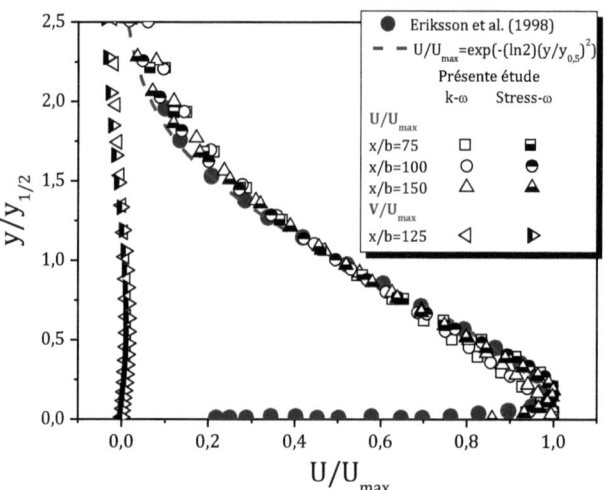

Figure IV-2. *Profils des deux composantes de la vitesse normalisées*

IV-2.1.2 Développement longitudinal de la demi-largeur $y_{1/2}$ du jet

La Figure IV-3 montre l'évolution linéaire de la demi-largeur $y_{1/2}/b$ du jet en fonction de la distance longitudinale x/b. Ce résultat a été mis en évidence par plusieurs auteurs, comme il apparait sur cette figure. Néanmoins, on remarque que le modèle k-ω surestime d'environ 10% le taux d'expansion transversale du jet par rapport à la gamme de variation proposée par Launder et Rody (1981). Leurs expériences montrent que le taux d'épanouissement est donné par : $\frac{dy_{1/2}}{dx} = 0.073 \pm$ 0,02. Les expériences d'Eriksson et al. (1998) trouvent un taux d'accroissement de 0.078. Le taux d'expansion obtenu avec le modèle Stress- ω est en très bon accord avec celui des expériences.

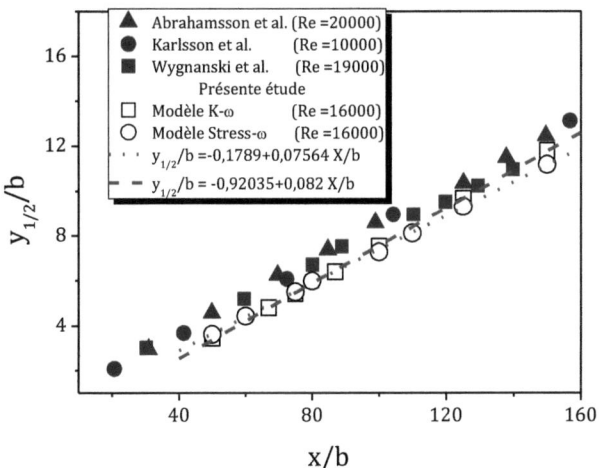

Figure IV-3. Évolution du taux d'expansion du jet pariétal

IV-2.1.3 Décroissance longitudinale de la vitesse moyenne
La Figure IV-4 montre que l'évolution longitudinale de la vitesse moyenne maximale U_{max} en fonction de la demi-largeur du jet $y_{1/2}$ obéit bien à la relation en puissance qui relie U_{max} à $y_{1/2}$: $\frac{U_{max}}{U_{jet}} = B\left[\frac{y_{1/2}}{b}\right]^n$

83

Le modèle k-ω donne des valeurs : n=-0.519 et B=1.15 et le modèle Stress- ω donne : n=-0.523 et B=1.11. Ces valeurs sont en parfait accord avec celles des expériences de Wygnansky et al. (1992) qui trouvent : B=1.09 et n=-0.528.

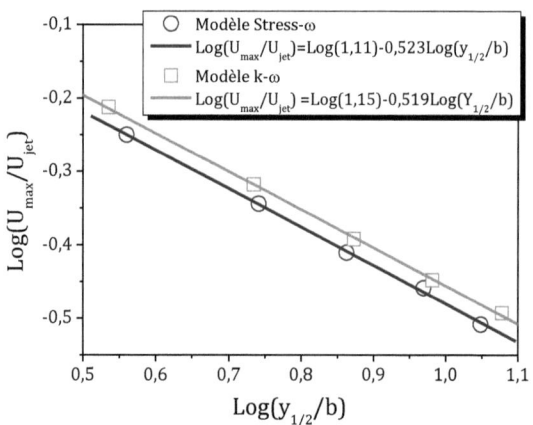

Figure IV-4. Décroissance longitudinale de la vitesse

IV-2.1.4 Champ turbulent

Les Figures (IV-5), (IV-6) et (IV-7) représentent l'évolution des contraintes de Reynolds à x/b= 75, x/b=100 et x/b= 150 ; sections où l'écoulement est pleinement développé. Ces Figures regroupent les résultats obtenus par le modèle Stress-ω et les résultats expérimentaux d'Eriksson et al. (1998). L'allure globale des profils numériques est similaire à celle des profils expérimentaux. Les contraintes atteignent également leurs valeurs optimales pour la même valeur de $y/y_{1/2}$ relative à la section transversale correspondante. Cependant, nous remarquons que le modèle Stress-ω surestime le maximum de $\overline{u^2}$ d'environ 40% (Figure IV-6) et celui de $\overline{uv}$ d'environ 20% (Figure IV-5) alors que la valeur maximale de la composante $\overline{v^2}$ est sous estimée d'un peu près 16% (Figure IV-7) (Madi Arous & Mataoui, 2008).

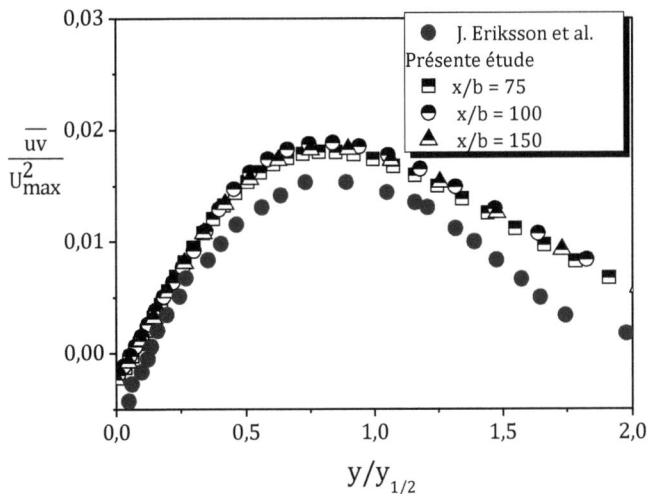

Figure IV-5. Évolution de la contrainte $\overline{uv}$ en variables externes

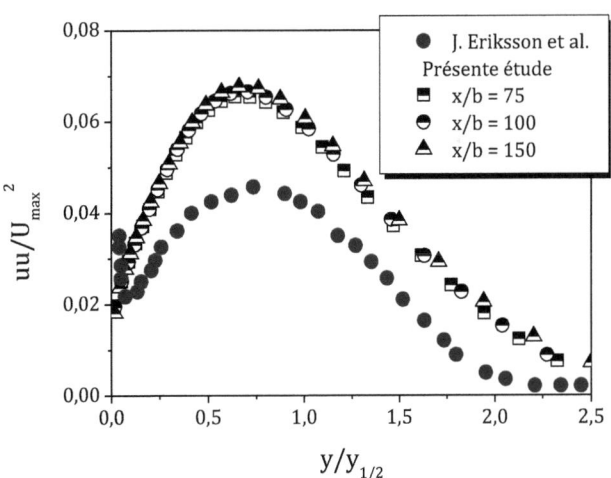

Figure IV-6. Évolution de la contrainte $\overline{u^2}$

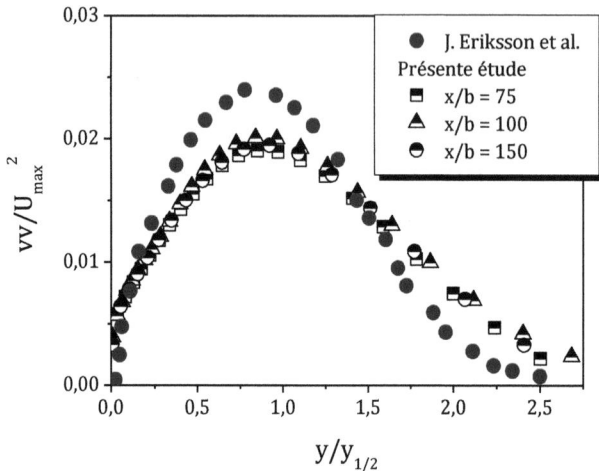

Figure IV-7. Évolution de la contrainte $\overline{v^2}$ en variables externes

IV-2.2 Écoulement derrière une marche descendante sous l'incidence d'un jet plan pariétal turbulent

En l'absence d'une étude antérieure du champ dynamique de l'écoulement de cavité sous l'incidence d'un jet pariétal, nous avons étudié l'écoulement d'un jet plan pariétal turbulent sur une marche descendante. La configuration considérée est celle de l'expérience de Badri (1993) qui a été reprise par Nait Bouda (2008).

La Figure IV-8 indique le système d'axes et les paramètres géométriques utilisés dans cette étude.

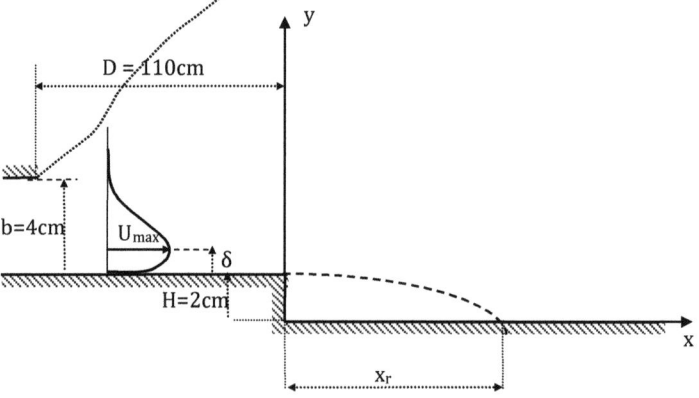

Figure IV-8. Paramètres géométriques et nomenclature

IV-2.2.1 Structure globale de l'écoulement derrière la marche

Les Figure IV-9(a) et IV-9(b) illustrent la structure de l'écoulement moyen prédite par les modèles k-ω et Stress-ω respectivement. Nous notons la présence de deux structures tourbillonnaires contrarotatives derrière la marche. La recirculation principale est délimitée par la ligne de séparation qui prend naissance au niveau de l'arête de la marche et qui se rabat sur la paroi au point de recollement. La recirculation secondaire, moins volumineuse, est située au niveau du coin inférieur de la marche (Madi Arous at al., 2011). Cette structure d'écoulement est similaire à celle mise en évidence par les expériences de visualisation de Badri (1993) (Figure IV-10). Les longueurs de recollement moyennes sont déterminées à partir du point où le frottement pariétal est nul. Le modèle k-ω prédit une longueur de recollement $x_r =$ 4.85H et celle prédite par le modèle Stress-ω est $x_r = 4.41$H. Les expériences de visualisation de Badri indiquent que le recollement de la couche cisaillée à la paroi s'effectue en moyenne à $x_r = 3.6$H. Cependant, ces expériences révèlent une très grande instabilité dans la couche cisaillée. Cette instabilité atteint son maximum dans la zone de recollement où les grandes structures tourbillonnaires touchent la paroi ; il se produit ainsi un battement de la zone de recollement ce qui donne une position de recollement approximative. La longueur de recollement obtenue par les deux modèles k-ω et Stress-ω est identique à celle obtenue par Nait Bouda (2008) avec le modèle aux tensions de Reynolds multi-échelles.

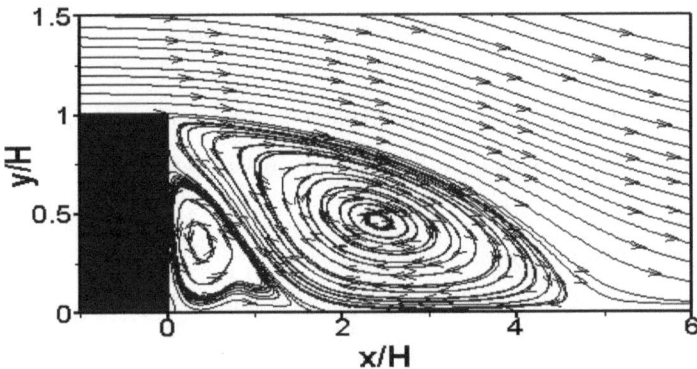

Figure IV-9(a). Cartographie des lignes de courant
Prédiction avec le modèle k-ω

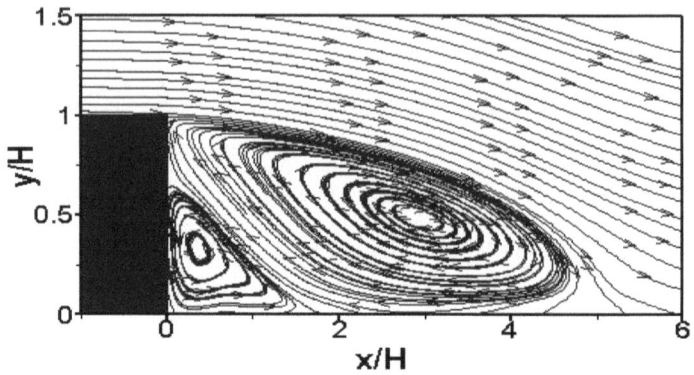

Figure IV-9(b). Cartographie des lignes de courant
Prédiction avec le modèle Stress-ω

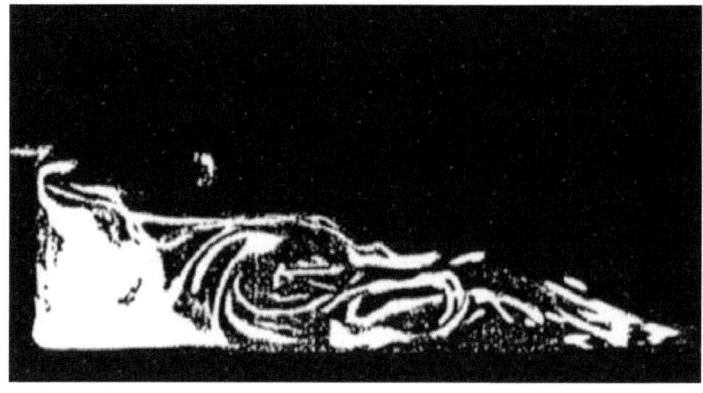

Figure IV-10. Structure de l'écoulement derrière une marche descendante
Sous l'incidence de l'écoulement d'un jet plan pariétal (Badri 1993)

IV-2.2.2 Champ moyen

La distribution des profils de la composante longitudinale de la vitesse moyenne à différentes sections derrière la marche est illustrée par la Figure IV-11. La vitesse est rapportée à la vitesse maximale locale U_{max} et la distance y est rapportée à la hauteur de marche H. Cette figure regroupe les résultats de mesures par anémométrie à fil chaud (AFC) de Badri, ceux effectués par anémométrie Doppler Laser (LDV) de Nait Bouda et ceux prédits numériquement dans la présente étude. Nous remarquons un bon accord entre les résultats obtenus numériquement avec les deux modèles de turbulence et les données expérimentales. Cependant, un écart minime est observé dans la zone où se localisent les structures tourbillonnaires derrière la marche.

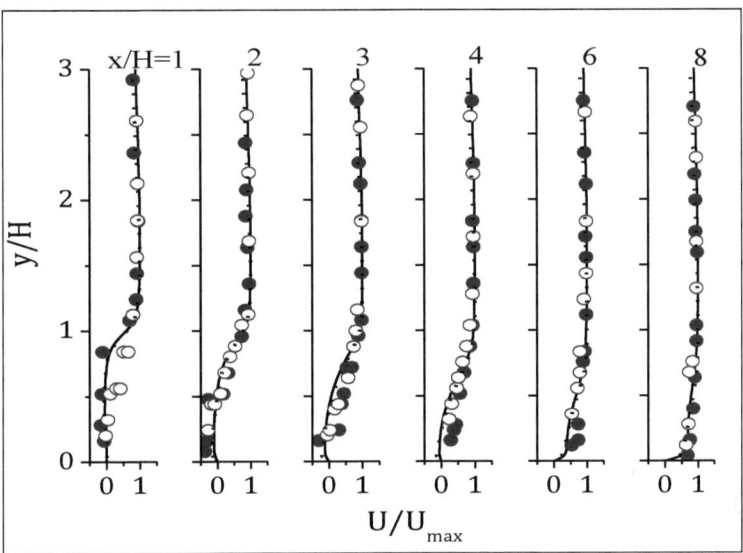

Figure IV-11. **Profils de la composante longitudinale de la vitesse moyenne**
● : **Mesures par AFC (Badri)** ; ○ : **Mesures par LDV (Nait Bouda)**
--- : **Modèle k-ω** ; — : **Modèle** *Stress-ω*

IV-2.2.3 Champ turbulent

Tension de Reynolds normale relative aux fluctuations de la composante
longitudinale de la vitesse

L'évolution de la fluctuation turbulente longitudinale en fonction de y/H, à travers différentes sections derrière la marche, est représentée sur la Figure IV-12. Les résultats du calcul avec le modèle Stress-ω sont comparés aux résultats expérimentaux de Badri (1993) et à ceux de Nait Bouda (2008). Globalement, on peut considérer que l'accord entre les résultats expérimentaux et ceux prédits par le modèle Stress-ω est assez satisfaisant. L'allure des profils est similaire à celle des deux expériences. Néanmoins, quelques écarts sont observés dans la région de recirculation qui est le siège d'un phénomène instationnaire qui ne peut être prédit avec précision.

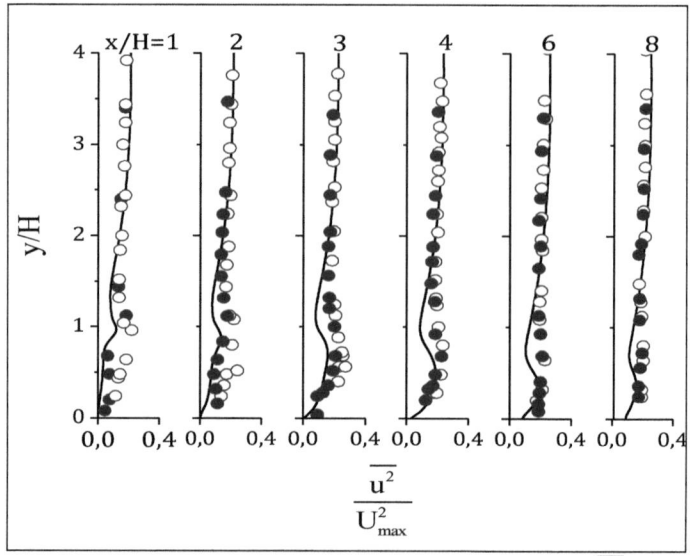

Figure IV-12. Profils de la tension de Reynolds normale $\overline{u^2}$ / U_{max}^2

● *: Mesures par fil chaud (Badri)* ; ○ *: Mesures par LDV (Nait Bouda)*
— *: Prédiction avec le modèle Stress-ω*

Tension de Reynolds croisée $\overline{uv}$

La Figure IV-13 représente l'évolution de la tension de Reynolds croisée à différentes sections en aval de la marche. La comparaison des résultats du calcul avec le modèle Stress-ω est effectuée avec les résultats expérimentaux de Nait Bouda (2008). Nous constatons que les résultats prédits numériquement par le Stress-ω se rapprochent parfaitement des résultats de mesures par LDV de Nait bouda (2008).

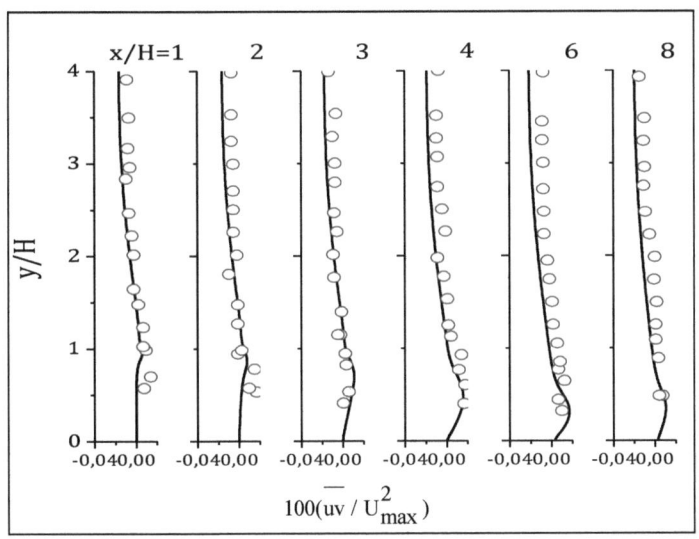

Figure IV-13. Profils de la tension de Reynolds croisée $\overline{uv}/U_{max}^2$
○ : *Mesures par LDV (Nait Bouda, 2008) ; — : Modèle Stress-ω*

Partie II

IV-3 : Influence de la nature de l'écoulement entrant sur l'écoulement d'une cavité bidimensionnelle de différents rapports d'aspect L/H.

Les paramètres de cette partie de notre étude sont similaires à ceux de la partie I-2. Les caractéristiques des deux écoulements entrant sont identiques à ceux de l'écoulement du jet pariétal sur la marche descendante. L'écoulement aborde les cavités de différents rapports d'aspect avec une vitesse de 6 m/s ; l'épaisseur de couche limite est de l'ordre de 2 cm pour les deux écoulements entrants.

La profondeur des cavités est égale à celle de la marche de la partie I-2. La distance entre la sortie du jet et le bord amont est également identique à la distance entre le jet et la marche de la partie I-2.

Le but de cette étude est d'examiner l'influence de la nature de l'écoulement amont sur l'écoulement d'une cavité peu profonde. Plusieurs cavités d'une même profondeur et de différentes longueurs sont considérées afin d'examiner l'effet de la paroi verticale aval sur l'évolution de l'écoulement. Cette étude est effectuée avec le modèle Stress-ω.

IV-3.1 Structure globale de l'écoulement

Les cartes des lignes de courant prédites par le modèle Stress-ω sont données par les Figures IV14(a), (b), (c), (d), (e) et (f). Ces figures permettent d'illustrer la structure de l'écoulement à l'intérieur des cavités de différents rapports d'aspect pour les deux types d'écoulements entrants considérés dans cette étude. Nous remarquons la présence de trois structures tourbillonnaires dans les cavités de grands rapports d'aspect (AR=14, AR=12 et AR=10) pour les deux types d'écoulements entrants. La principale bulle de recirculation est délimitée par la ligne de séparation qui prend naissance au niveau du bord d'attaque et qui se rabat sur la paroi du fond au point de recollement. Cette recirculation tourne dans le sens horaire. La deuxième bulle de recirculation se situe au pied de la marche amont et tourne dans le sens trigonométrique tandis que la troisième qui se situe au pied de la marche aval tourne dans le sens horaire (Madi Arous & al., 2011). Une structure d'écoulement similaire a été mise en évidence par les expériences d'Avelar et al. (2007) dans le cas de cavités de rapports d'aspect de 10 et 12 pour des vitesses d'entrée de 8 m/s et 5 m/s. L'étude numérique de Zdanski et al. (2003) a révélé aussi la présence de ces trois structures tourbillonnaires à l'intérieur des cavités de rapports d'aspect de 10 et 12. Cependant, leur prédiction numérique n'a pas révélé la présence du tourbillon secondaire situé au pied de la marche amont.

Dans le cas du jet pariétal, la taille de la recirculation principale est nettement plus petite comparée à celle qui apparait dans le cas de la couche limite ; particulièrement dans le cas des cavités de rapports d'aspect de 14 et 12. Nous notons aussi la présence d'une importante structure tourbillonnaire sur la marche aval de ces deux cavités. Dans ces deux cas, la topographie de l'écoulement est similaire à celle d'une marche descendante suivie d'une marche montante.

Dans le cas de la cavité de rapport d'aspect égal à 8, la bulle de recirculation principale touche celle qui se situe devant la marche aval et cela dans le cas des deux types d'écoulements entrant. Les centres des deux bulles semblent s'éloigner légèrement dans le cas de l'écoulement entrant du jet pariétal. Nous notons également la présence d'un tourbillon situé au pied de la marche amont et la totale disparition du tourbillon situé sur la marche aval. Ce même phénomène a été observé par Simeon Oka (1972) dans des expériences effectuées sur l'écoulement autour de deux obstacles cubiques séparés par une distance L. Ces expériences ont révélé la présence de trois bulles de recirculation entre les deux obstacles. La bulle la plus volumineuse touche le tourbillon secondaire aval dans le cas ou la distance est de 9H entre les deux obstacles alors qu'elles ne se touchent pas dans le cas ou la distance L est de 14 H.

Dans la cavité de rapport d'aspect égal à 6, le tourbillon principal fusionne avec le tourbillon secondaire formant ainsi une seule bulle de recirculation et cela pour les deux types d'écoulements entrants. Cependant, nous notons la présence du tourbillon situé au pied de la marche amont dont la taille semble ne pas être affectée par la nature de l'écoulement amont. Ashcroft et Zhang (2005) ont observé une structure d'écoulement identique dans la cavité de rapport d'aspect égal à 4. Les expériences ont été effectuées par la PIV pour une vitesse d'entrée de 32m/s.

L'écoulement, dans la cavité de section carrée, s'enroule dans le sens horaire en une seule bulle de recirculation en plus d'un tourbillon secondaire au niveau du coin de la marche amont.

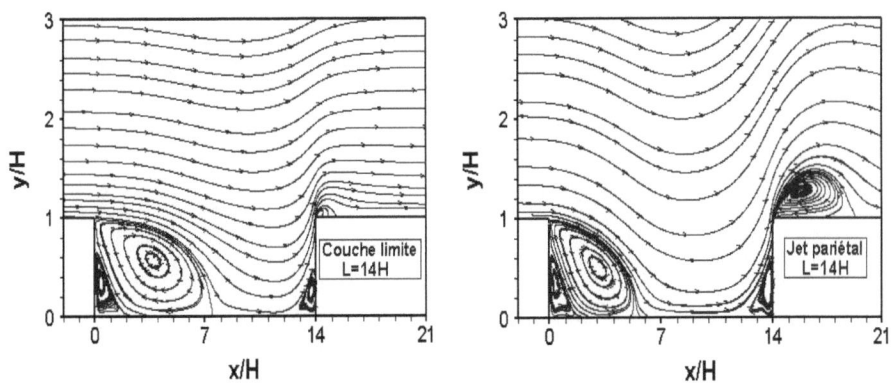

Figure IV-14(a). Cartes des lignes de courant (L/H=14)

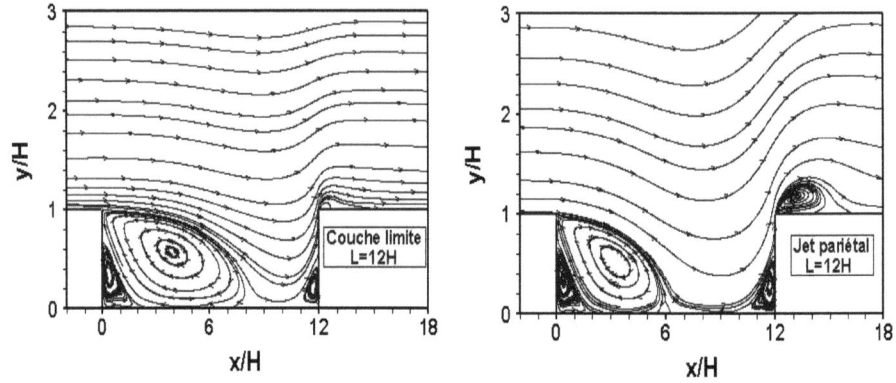

Figure IV-14(b). Cartes des lignes de courant (L/H=12)

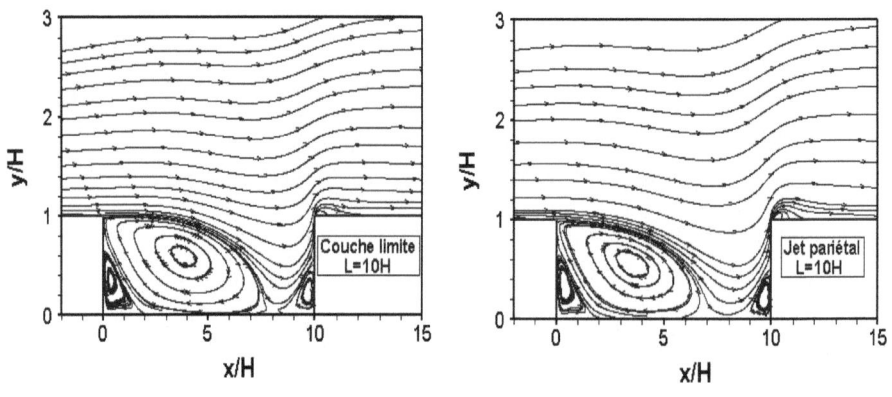

Figure IV-14(c). Cartes des lignes de courant (L/H=10)

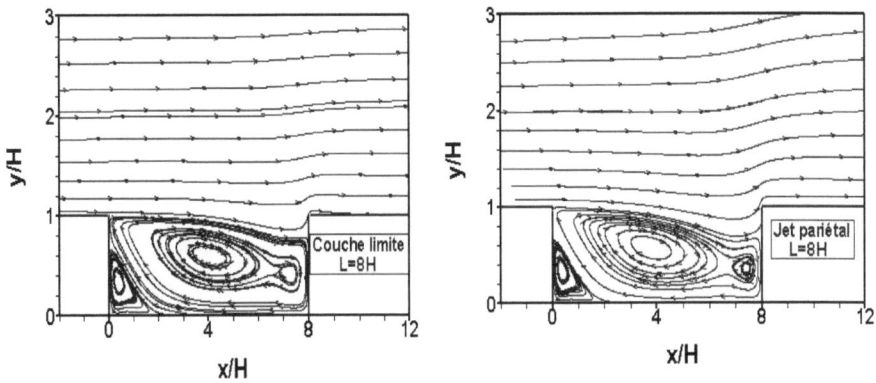

Figure IV-14(d). Cartes des lignes de courant (L/H=8)

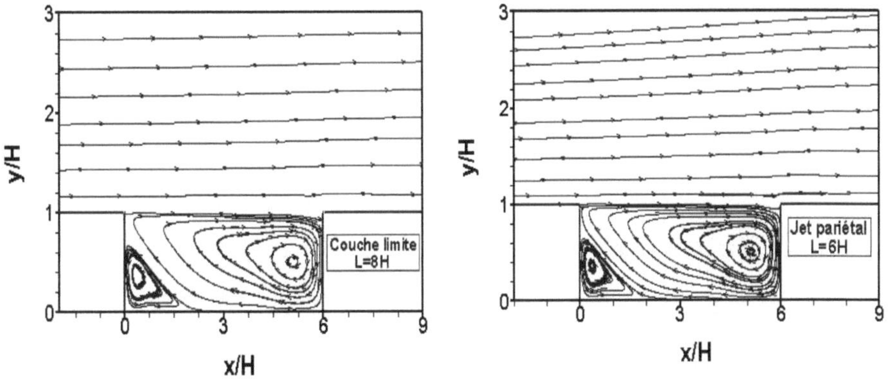

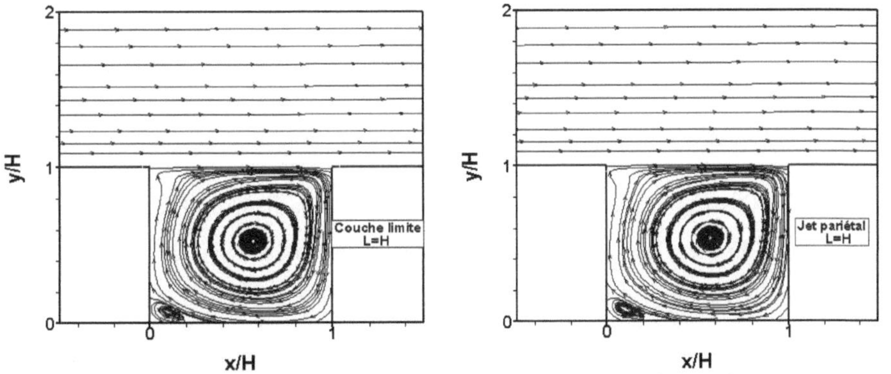

Figure IV-14(f). Cartes des lignes de courant (L/H=1)

IV-3.2 Pression statique

Plentovich et al. (1990) se sont basés sur l'évolution du coefficient de pression le long de la paroi inférieure pour classifier les écoulements de cavités. Ce coefficient permet d'examiner les caractéristiques globales de l'écoulement.

Les Figures IV-15(a), (b) et (c) illustrent l'évolution du coefficient de pression statique le long de la paroi inférieure des cavités en fonction de la distance longitudinale.

Le coefficient de pression pariétale, Cp est défini par :

$$Cp = \frac{P - P_r}{\frac{1}{2}\rho U_0^2},$$

Où P_r est une pression de référence et U_0 est la vitesse maximale de l'écoulement incident à la section x=0.

Les pressions sont du même ordre de grandeur que celles mesurées dans les expériences de Roshko (1955). Nous constatons que le coefficient de pression est très faible (pratiquement nul) juste derrière la paroi verticale amont suivi d'une brusque augmentation dans le cas des cavités de rapports d'aspect de 14 à 6. Ceci montre que l'écoulement subit un fort gradient adverse qui le ralentit dans cette région. Cette caractéristique est typique des écoulements décollés. L'influence de la nature de l'écoulement entrant est appréciable, essentiellement dans le cas des cavités de grands rapports d'aspect (AR=14 à 10). Elle se manifeste par le décalage des lieux de changement de signe du gradient de pression. Dans le cas des cavités de grands rapports d'aspect (Ar=14 à 10), les pressions sont nettement plus importantes. Nous constatons que les cavités de petits rapports d'aspect sont caractérisées par de plus faibles pressions pariétales. D'importants gradients de pression caractérisent la cavité de rapport d'aspect égal à 14 sous l'incidence du jet pariétal alors que dans le cas de la couche limite, les gradients sont moins importants. Dans ce dernier cas, l'écoulement est celui d'une cavité transitionnelle-fermée alors que dans le premier cas, l'allure du coefficient de pression pariétal montre que l'écoulement est celui d'une cavité fermée.

Dans le cas de la cavité de rapport d'aspect égal à 12, l'écoulement est celui d'une cavité transitionnelle-ouverte lorsque l'écoulement amont est de couche limite alors que c'est un écoulement de cavité fermée pour le cas du jet pariétal.

La distribution de pression pariétale, dans le cas de la cavité de rapport d'aspect égal à 10, ne présente pas de changement de concavité lorsque l'écoulement amont est celui d'une couche limite alors qu'un changement de concavité est constaté dans le cas du jet pariétal. Dans le premier cas, l'écoulement est celui d'une cavité ouverte alors qu'il est celui d'une cavité transitionnelle ouverte dans le deuxième cas. Dans le cas des cavités de rapports d'aspect AR=8 et 6, l'écoulement est celui d'une cavité ouverte pour les deux types d'écoulements entrants. La cavité carrée est caractérisée par de très faibles pressions pariétales. Dans ces trois derniers cas, l'ordre de grandeur des pressions pariétales est sensiblement identique pour les deux types d'écoulements entrants.

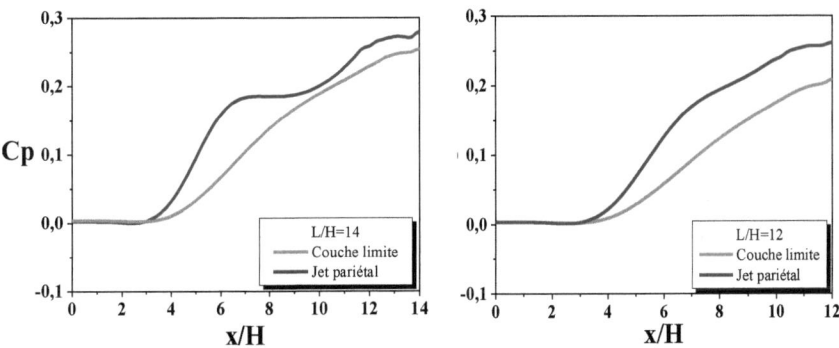

Figure IV-15(a). Évolution longitudinale du coefficient de pression
le long de la paroi inférieure des cavités de rapports d'aspect AR=14 et 12

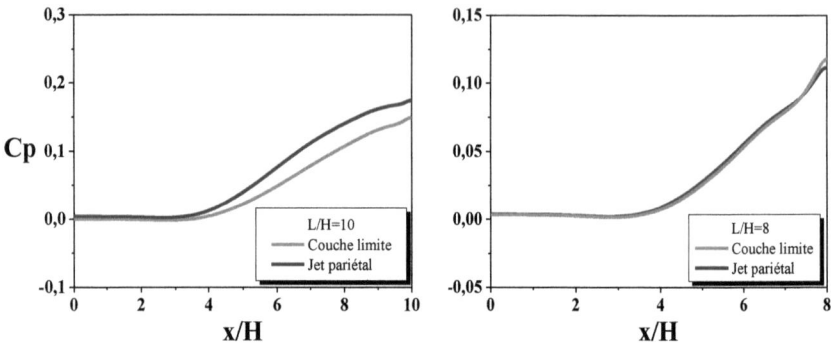

Figure IV-15(b). Évolution longitudinale du coefficient de pression le long de la paroi inférieure des cavités de rapports d'aspect AR=10 et 8

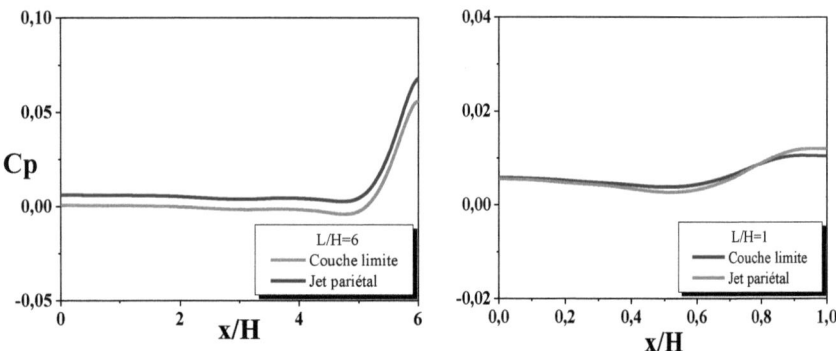

Figure IV-15(c). *Évolution longitudinale du coefficient de pression le long de la paroi inférieure des cavités de rapports d'aspect AR=6 et 1*

IV-3.3 Le frottement pariétal

Les longueurs des bulles de recirculation dans la cavité peuvent être déduites à partir de l'évolution du coefficient de frottement local le long de la paroi inférieure. Les longueurs des recirculations situées sur la marche aval peuvent être déterminées à partir de l'évolution du frottement local le long de la paroi aval. Ainsi, ces longueurs correspondent aux points où le coefficient de frottement $C_f = 0$.

Le coefficient de frottement est défini de la façon suivante :

$$C_f = \frac{\tau_w}{\frac{1}{2}\rho U_0^2} \quad \text{avec} \quad \tau_w = \mu \left(\frac{\partial U}{\partial y} \right)_{y=0}$$

Les Figures IV-16 (a), (b), (c), (d), (e), (f) illustrent l'évolution du coefficient de frottement le long de la paroi du fond de la cavité et le long de la paroi aval, pour les deux types d'écoulements entrant.

Les Figures IV-16 (a) et (b) mettent en évidence plusieurs points où le coefficient de frottement s'annule dans les cavités de grands rapports d'aspect (AR=14 et 12). Ceci confirme la présence des trois bulles de recirculation dans ces cavités. Une recirculation principale caractérisant le recollement de la couche cisaillée à la paroi inférieure et deux secondaires situés au niveau des coins inférieurs.

Sous l'incidence de l'écoulement du jet pariétal, les cavités de grands rapports d'aspect se caractérisent par une importante réduction de la longueur de recollement comparée à celle du cas de l'écoulement incident de couche limite. Dans le cas de la cavité de rapport d'aspect AR=14, la longueur de recollement est x_r=7.7H lorsque l'écoulement amont est celui de couche limite et x_r=5.4H lorsque l'écoulement amont est celui du jet pariétal. Dans le cas de la cavité de rapport d'aspect AR=12, x_r=8.1H dans le cas de la couche limite et x_r = 5.92H dans le cas du jet pariétal. Ainsi, on constate une réduction respective de 30% et de 40%.

Dans le cas de la cavité de rapport d'aspect égal à 10 (Figure IV-16 (c), on observe un non-recollement de la couche cisaillée lorsque l'écoulement incident est celui de couche limite alors que le recollement s'effectue en x_r=7.3H dans le cas du jet pariétal. En plus des trois zones de recirculation présentes au sein de ces cavités, une autre zone de recirculation apparait sur la marche aval, caractérisée par une valeur de C_f=0. Cette zone est située au niveau de l'échappée du fluide des cavités. La longueur de cette zone est nettement plus importante dans le cas de l'écoulement amont du jet pariétal en comparaison avec celle du cas de l'écoulement incident de couche limite, particulièrement dans le cas de la cavité de rapport d'aspect égal à 14. Dans le cas des cavités de rapports d'aspect de 12 et 10, l'évolution du coefficient de frottement le long de la paroi aval révèle l'absence de cette zone de recirculation dans le cas de l'écoulement incident de couche limite. Alors que dans le cas du jet pariétal, on note la présence d'une bulle de recirculation de longueur égale à 3H sur la paroi aval de la cavité de rapport d'aspect AR=12 et de 0.8H sur celle de la cavité de rapport d'aspect AR=10.

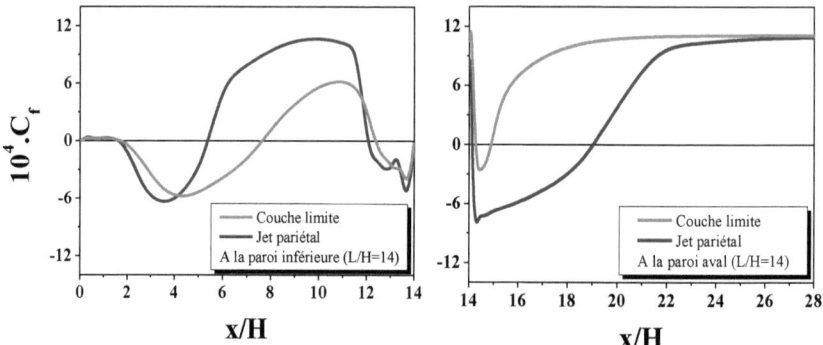

Figure IV-16(a). Évolution du coefficient de frottement local
Cavité de rapport d'aspect L/H=14

La Figure IV-16(b) met en évidence un seul point où le coefficient de frottement à la paroi inférieure s'annule. Cette position donne la longueur du tourbillon secondaire situé au pied de la paroi verticale amont. L'absence d'autres points de $C_f = 0$ indique qu'aucun rattachement n'a lieu dans les cavités de rapports d'aspect inférieurs à 10 (AR=8, 6 et 1) ainsi que la disparition totale du tourbillon situé sur la paroi aval.

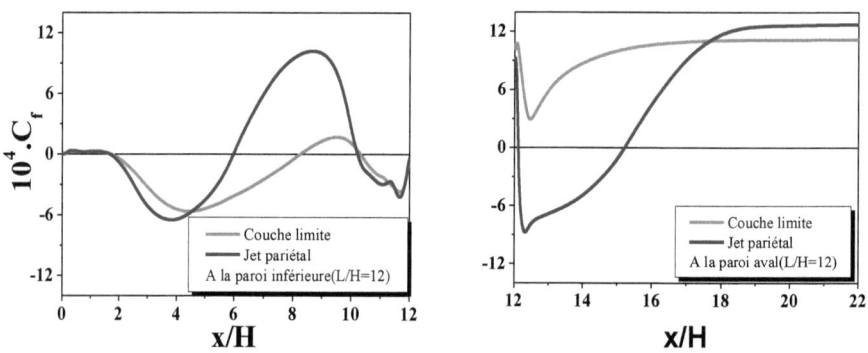

Figure IV-16(b). Évolution du coefficient de frottement local
Cavité de rapport d'aspect L/H=12

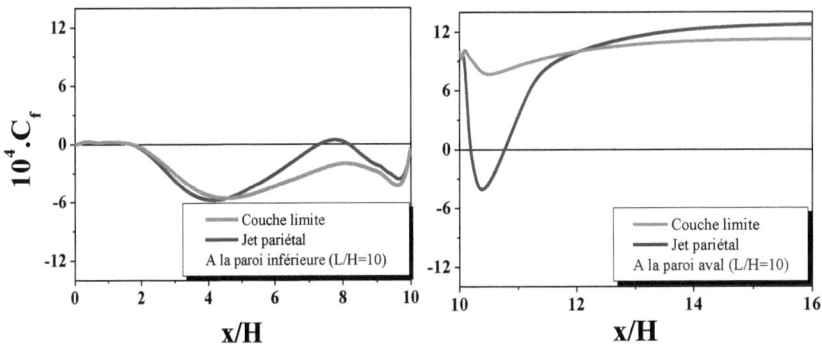

Figure IV-16(c). Évolution du coefficient de frottement local

Cavité de rapport d'aspect L/H=10

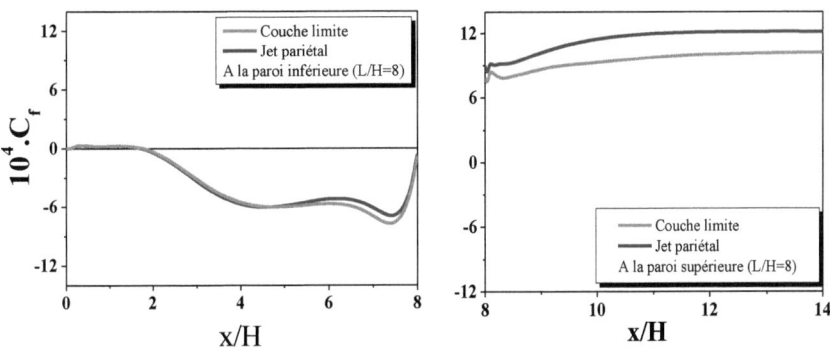

Figure IV-16(d). Évolution du coefficient de frottement local

Cavité de rapport d'aspect L/H=10

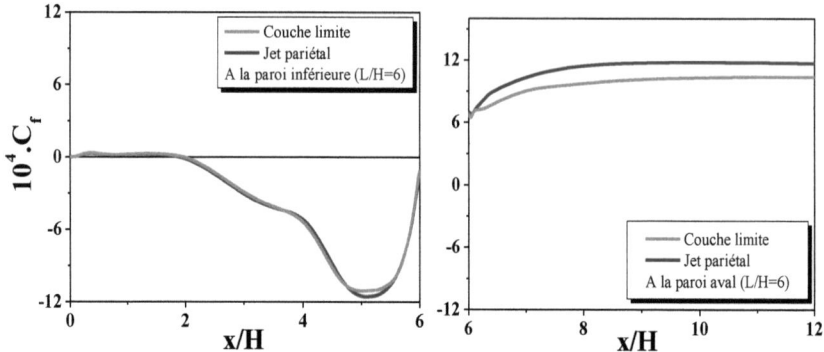

Figure IV-16(e). Évolution du coefficient de frottement local
Cavité de rapport d'aspect L/H=6

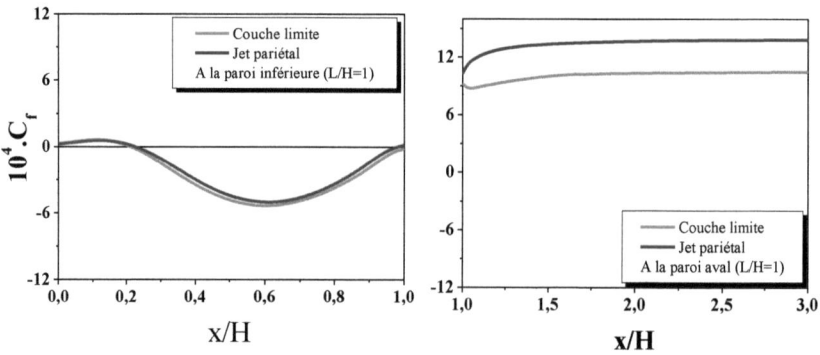

Figure IV-16(f). Évolution du coefficient de frottement local
Cavité de rapport d'aspect L/H=1

IV-3.4 Analyse du champ turbulent

IV-3.4.1 L'énergie cinétique de turbulence

Les cartes des iso contours de l'énergie cinétique turbulente pour les différents rapports d'aspect de la cavité dans le cas des deux types d'écoulements entrant sont représentées sur les Figures IV-17 (a) à IV-17 (f). Ces contours mettent en évidence la courbure de la couche de cisaillement qui plonge plus rapidement vers le fond de la cavité dans le cas de l'écoulement amont du jet pariétal et particulièrement dans le cas des cavités de grands rapports d'aspect (AR=14 et 12). Cette couche de cisaillement est le siège d'une importante énergie cinétique turbulente. On remarque aussi une très forte énergie turbulente au voisinage du bord aval des cavités qui traduit l'influence de la paroi verticale et dans la région située sur la marche montante, juste en aval des cavités.

De faibles valeurs de l'énergie cinétique turbulente sont constatées à proximité de la paroi inférieure qui correspondrait à la réduction de la taille des structures tourbillonnaires dans cette région. Dans le cas de l'écoulement entrant de couche limite, la couche de cisaillement et le bord aval de la cavité sont les principales sources de fluctuations énergétiques. Une augmentation des valeurs maximales de l'énergie cinétique turbulente est notée en fonction du rapport d'aspect de la cavité. Ceci est probablement dû à l'interaction de l'écoulement extérieur avec le tourbillon qui se développe sur la paroi aval au niveau de l'échappée de fluide.

Le tableau ci-dessous montre l'augmentation des valeurs maximales de l'énergie cinétique turbulente en fonction du rapport d'aspect de la cavité.

L/H	1	6	8	10	12	14
k_{max}/U_0^2	0.1%	3.5%	4.6%	5.1%	5.1%	6.7%

Tableau IV-1. Effet du rapport d'aspect de la cavité
sur la valeur maximale de l'énergie cinétique turbulente

La couche externe du jet est le siège d'importantes fluctuations énergétiques qui s'ajoutent à celles de la couche cisaillée interne. Un rabattement de cette couche externe vers la paroi inférieure est observé dans le cas des cavités de grands rapports d'aspect. Ceci se manifeste par l'interpénétration des niveaux d'énergie. Nous constatons aussi une amplification de la zone de forte énergie turbulente située au dessus de la marche aval dans le cas des cavités de grands rapports d'aspect.

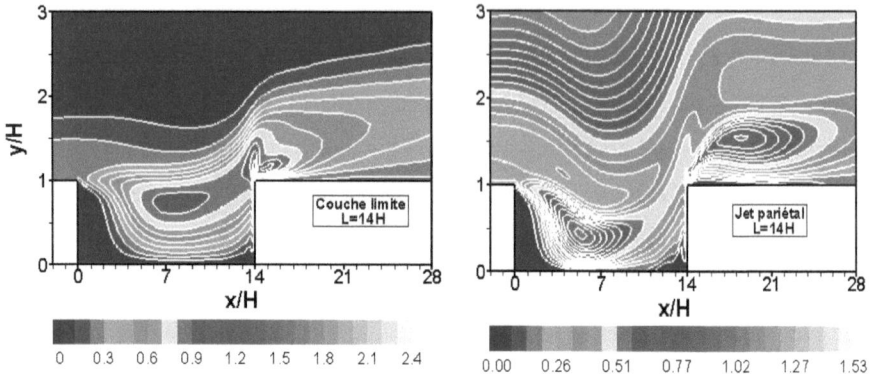

*Figure IV-17(a). Cartes des iso contours de l'énergie cinétique turbulente
(L/H=14)*

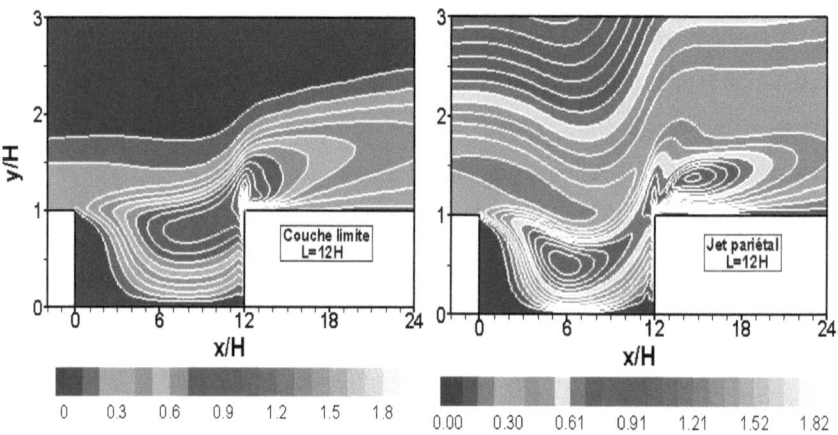

*Figure IV-17(b). Cartes des iso contours de l'énergie cinétique turbulente
(L/H=12)*

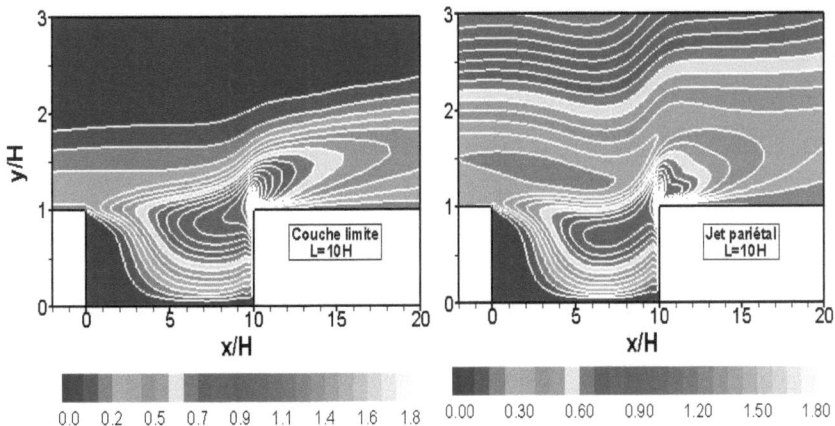

Figure IV-17(c). Cartes des iso contours de l'énergie cinétique turbulente (L/H=10)

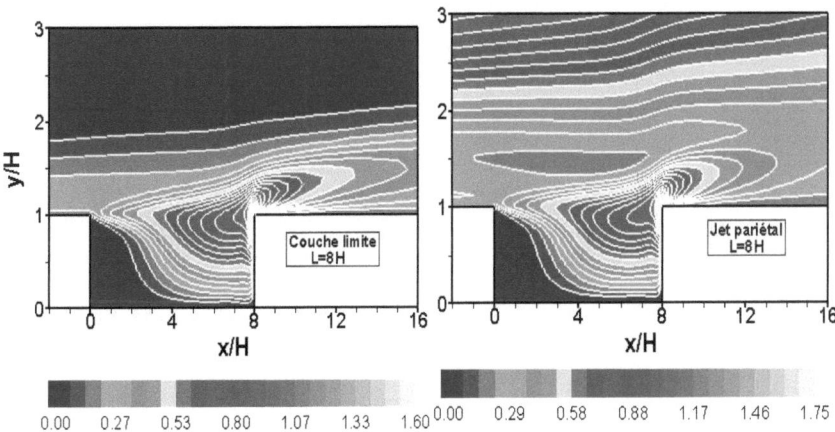

Figure IV-17(d). Cartes des iso contours de l'énergie cinétique turbulente (L/H=8)

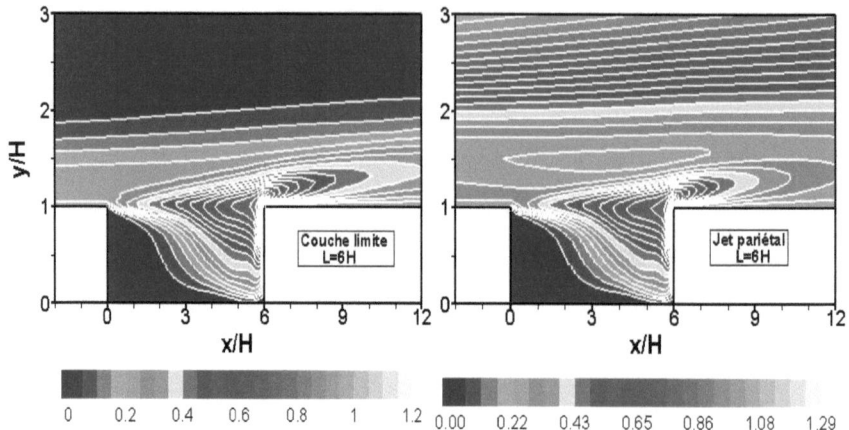

Figure IV-17(e). Cartes des iso contours de l'énergie cinétique turbulente (L/H=6)

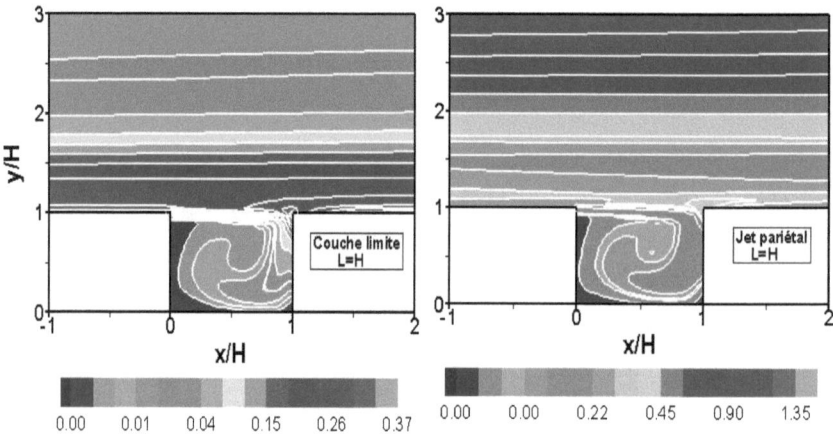

Figure IV-17(f). Cartes des iso contours de l'énergie cinétique turbulente (L/H=1)

IV-3.4.2 La vorticité

Les Figures IV-18(a) et IV-18(b) illustrent les cartes des iso contours du module de la vorticité dans le cas des deux types d'écoulements incidents considérés dans cette étude.

Ces figures révèlent que la couche de cisaillement qui se développe au dessus de la cavité est un lieu de production de structures tourbillonnaires. Le bord aval est un second lieu de production d'importantes structures tourbillonnaires qui se détachent puis qui sont transportés par l'écoulement moyen vers l'aval de la cavité. À l'intérieur de la cavité, des structures tourbillonnaires sont produites le long de la paroi aval pendant que d'autres tourbillons viennent balayer la paroi inférieure. Le mécanisme de formation de ces structures tourbillonnaires a été mis en évidence par les visualisations de Tang et Rockwell (1983) et confirmé par les expériences de Özsoy et al. (2004).

La diminution du rapport d'aspect de la cavité provoque un rapprochement des structures tourbillonnaires qui se développe dans la couche cisaillée de celles produites au niveau du bord aval. Une fusion de ces deux structures tourbillonnaires est observée dans le cas des cavités de faibles rapports d'aspect (AR=6 et AR=1).

Nous remarquons que les contours sont plus resserrés dans le cas de l'écoulement du jet pariétal comparés à ceux de la couche limite. Le cisaillement du à la présence de la cavité semble s'épanouir plus aisément dans le cas de la couche limite ; alors qu'il est repoussé vers la paroi inférieure par l'action de la couche externe dans le cas du jet pariétal. L'interpénétration de la couche cisaillée libre du jet est d'autant plus accentuée dans le cas des cavités de grands rapports d'aspect (L/H = 14, 12 et 10). Le rabattement des grandes structures extérieures vers la zone de recirculation a été mis en lumière par les expériences de visualisation de Badri (1993) dans l'interaction du jet pariétal avec la marche descendante. Ce rabattement induit la diminution de la longueur de recollement (Badri, 1993), et engendre un cisaillement supplémentaire dans la zone d'interaction (Nait Bouda, 2008).

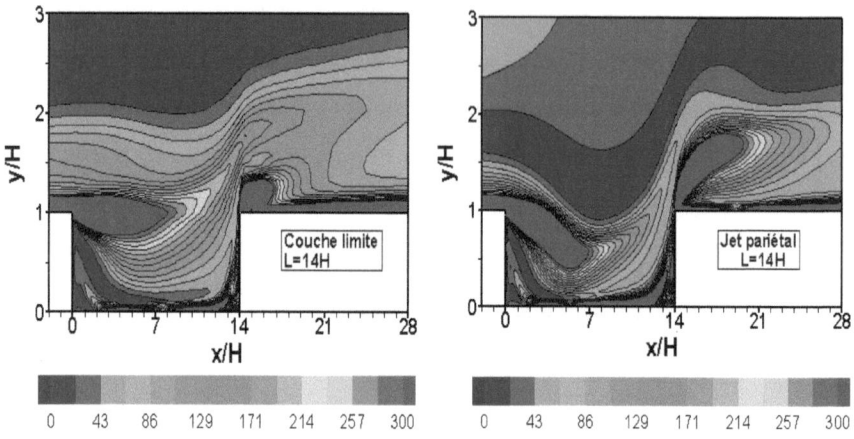

Figure IV-18(a). *Cartes des iso contours du module de la vorticité*

(L/H=14)

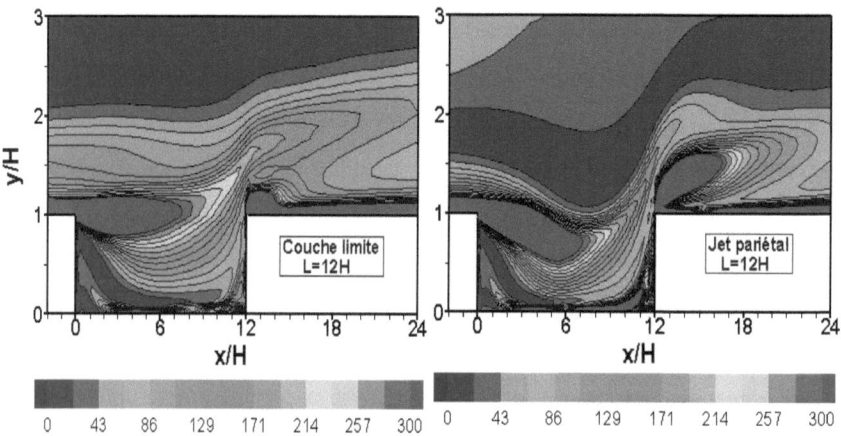

Figure IV-18(b). *Cartes des iso contours du module de la vorticité*

(L/H=12)

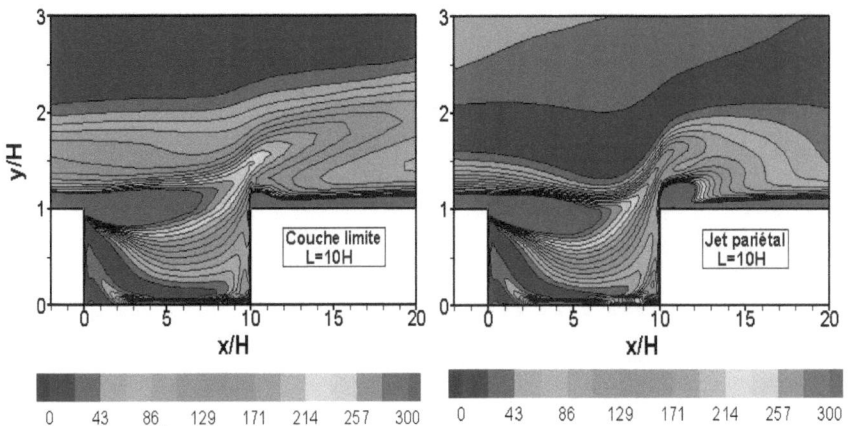

Figure IV-18.c : *Cartes des iso contours du module de la vorticité*

(L/H=10)

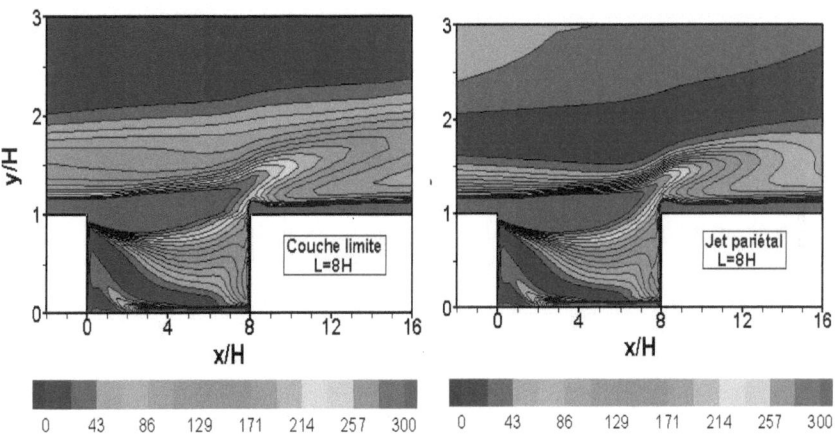

Figure 18(d). *Cartes des iso contours du module de la vorticité*

(L/H=8)

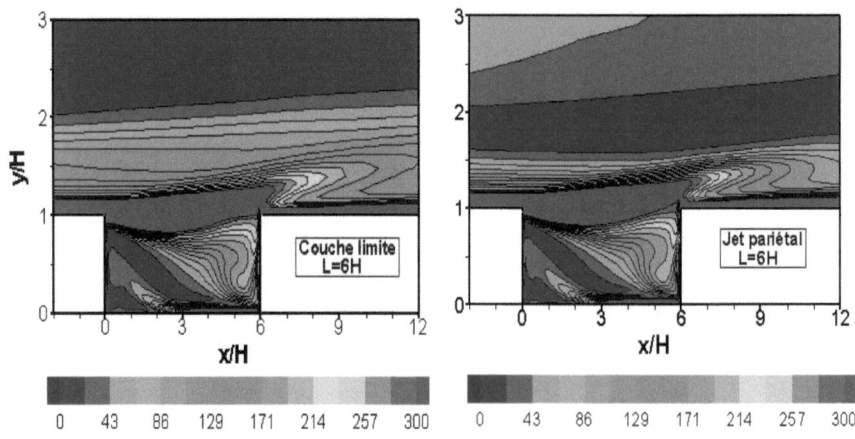

Figure 18(e). *Cartes des iso contours du module de la vorticité*

(L/H=6)

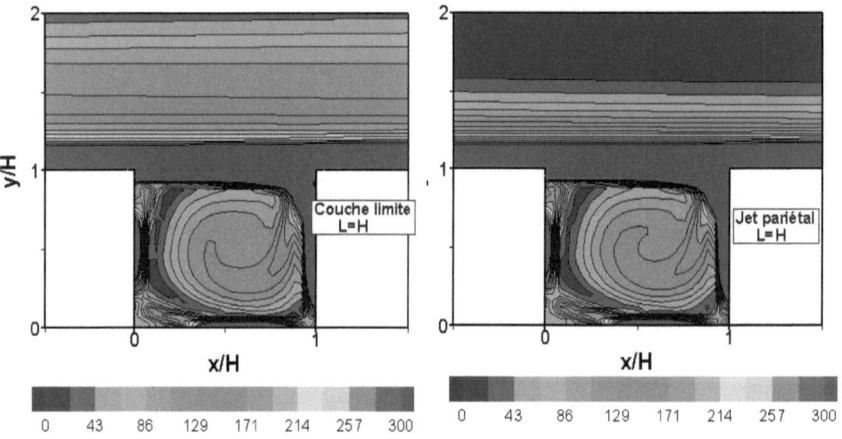

Figure 18(f). *Cartes des iso contours du module de la vorticité*

(L/H=1)

Partie III

IV-4 Étude du cas particulier de l'écoulement turbulent au dessus d'une cavité de rapport d'aspect L/H=10

Cette troisième partie est consacrée à l'étude de l'écoulement au dessus d'une cavité peu profonde. Les paramètres géométriques de la cavité sont identiques à ceux de l'expérience d'Estève et al. (2000). La profondeur de la cavité est H = 5cm et sa longueur L=50cm correspondant à un rapport d'aspect L/H=10.

Cette étude traite d'abord l'influence des caractéristiques de l'écoulement incident sur la structure de l'écoulement. Nous avons d'abord examiné les effets du nombre de Reynolds et de l'intensité de turbulence. Ensuite, les deux types d'écoulements entrant de la partie II, ont été considérés: l'écoulement de couche limite et celui du jet plan pariétal. Pour l'écoulement entrant du jet plan pariétal, nous avons examiné l'effet du rapport de la profondeur de la cavité sur la hauteur de la buse. Différentes profondeurs de la cavité ont été considérées pour une hauteur de la buse de sortie du jet, constante.

IV-4.1 Comparaison expérimentale/numérique
Cavité sous l'incidence d'un écoulement de couche limite

Pour valider les résultats de nos simulations numériques avec différents modèles de turbulence, on a effectué des comparaisons des prédictions numériques avec les résultats expérimentaux d'Estève et al. (2000) pour l'écoulement entrant de couche limite.

La vitesse de l'écoulement à l'entrée de la cavité, dans cette partie de l'étude, est égale à U_0 = 20 m/s, correspondant à un nombre de Reynolds $Re = \frac{U_0 H}{\nu} = 67000$. L'épaisseur de la couche limite à l'entrée de la cavité est égale à $\delta = 2$cm.

Les modèles de turbulence testés pour cette configuration sont le modèle k-ε standard, le modèle k-ω, le modèle k-ω SST et le modèle Stress-ω.

IV-4.1.1 Structure globale de l'écoulement

La Figure IV-19(a) représente le champ moyen de vitesse obtenu par Estève et al. (2000) à l'aide du système d'acquisition LDV. Les résultats de l'expérience mettent en évidence la présence d'une importante zone de recirculation à l'intérieur de la cavité accompagnée de deux tourbillons de plus petites dimensions aux coins des marches descendante et montante. Le recollement n'a pas lieu, seul un point de stagnation (vitesse moyenne nulle) à 2 mm environ de la paroi inférieure est constaté en x = 400 mm. Ainsi, d'après la classification de Plentovich et al. (1990), l'écoulement est celui d'une cavité transitionnelle. Une troisième zone de recirculation, de petite dimension, est observée sur la marche montante.

Les Figures IV-19(b) à IV-19(f) montrent La structure globale de l'écoulement prédite numériquement par les quatre modèles. On constate une différence entre les résultats obtenus avec ces différents modèles. Le modèle k-ε, prédit le recollement de la couche cisaillée à la paroi inférieure de la cavité, sous estime de 20% la taille de la zone de recirculation principale, ne prédit pas les zones de recirculation secondaires à l'intérieur de la cavité et celle située sur la marche aval. Le modèle k-ω SST, prédit le rattachement de la couche de cisaillement et surestime la taille du tourbillon situé sur la marche aval. Ce sont les modèles k-ω et Stress-ω qui donnent le résultat le plus proche de celui de l'expérience. En effet, le calcul met en évidence la structure complexe de l'écoulement avec les différentes zones de recirculation et le non recollement de la couche cisaillée. La prédiction numérique, avec le modèle k-ω, identifie clairement la bulle de recirculation située sur la marche aval comme le montre la Figure IV-20. Cependant, la zone de stagnation se situe à $x \approx 8.6H$, pour ces deux modèles, alors que l'expérience situe cette zone à x = 8H.

112

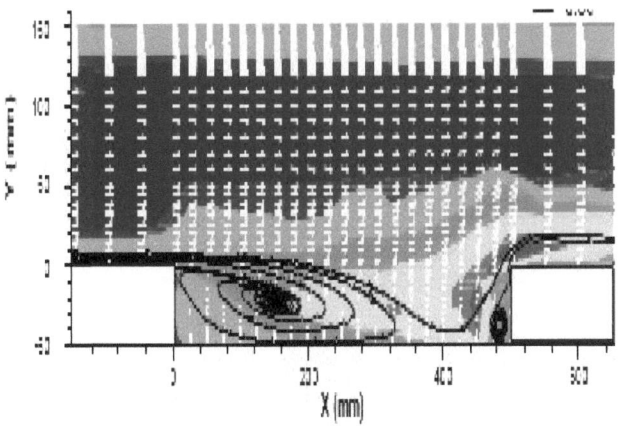

Figure IV-19(a). Champ des intensités de turbulence et lignes de courant
(Expérience d'Estève et al. 2000)

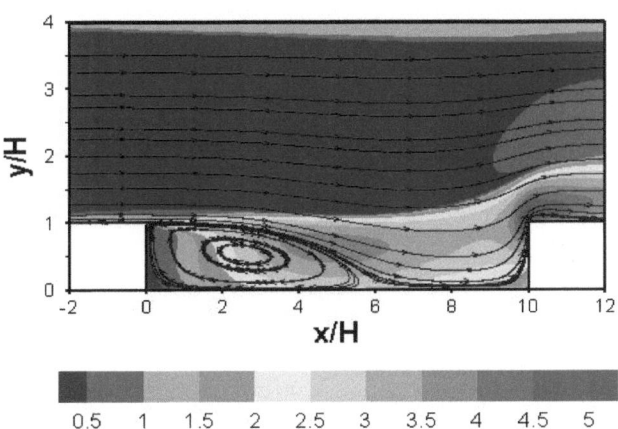

Figure IV-19(b). Champ des intensités de turbulence et lignes de courant
Prédiction avec le modèle k-ε

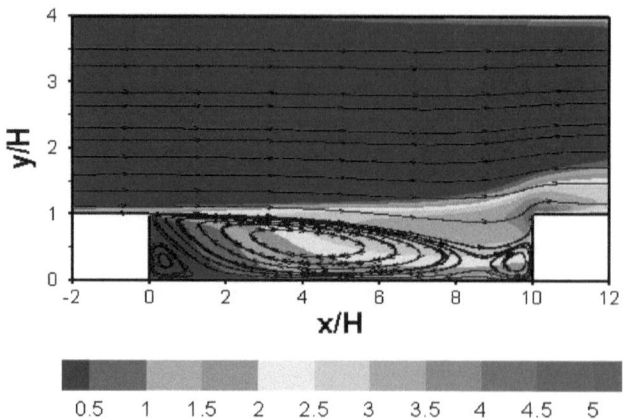

*Figure IV-19(c). Champ des intensités de turbulence et lignes de courant
Prédiction avec le modèle k-ω*

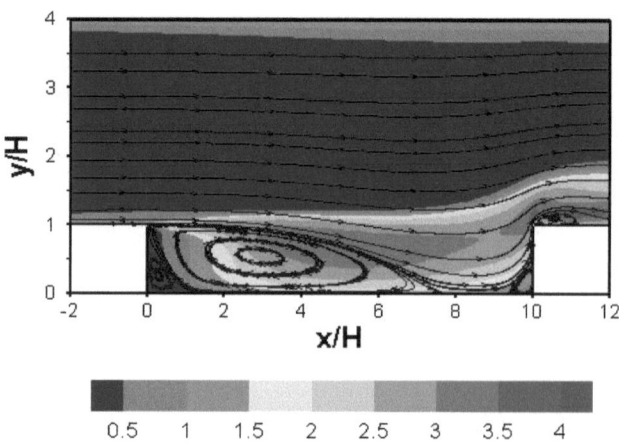

*Figure IV-19(d). Champ des intensités de turbulence et lignes de courant
Prédiction avec le modèle k-ω SST*

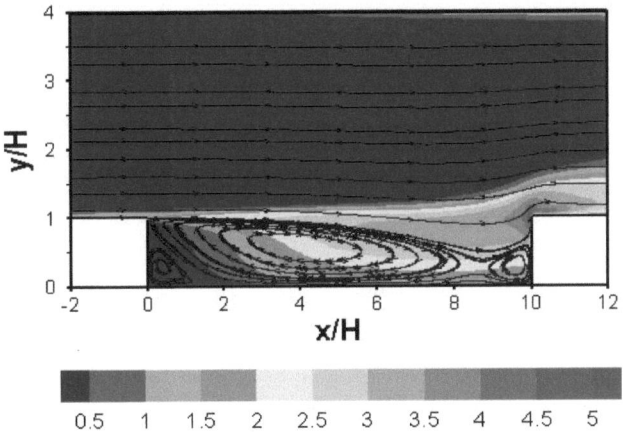

Figure IV-19(f). Champ des intensités de turbulence et lignes de courant
Prédiction avec le modèle Stress-ω

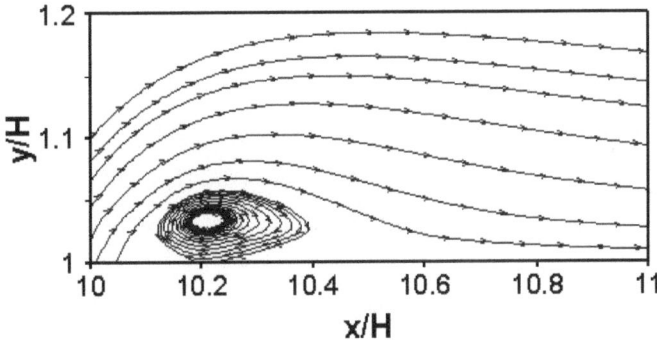

Figure IV-20. *Bulle de recirculation située sur la marche aval*
Prédiction avec le modèle k-ω

IV-4.1.2 Coefficient de pression

Le coefficient de pression pariétale est défini comme suit :

$$Cp = \frac{P - P_r}{\frac{1}{2}\rho U_0^2},$$

115

Où P_r est une pression de référence prise au point de coordonnées (x=-35.5cm, y=8cm) ; point où la pression de référence a été mesurée lors de l'expérience d'Estève et al. (2000).

La Figure IV-21 représente l'évolution du coefficient de pression statique le long de la paroi inférieure de la cavité en fonction de la distance longitudinale rapportée à la profondeur H de la cavité. Cette figure regroupe les profils prédits par les quatre modèles et les résultats de l'expérience

Globalement, on constate un accord satisfaisant entre les profils numériques, prédits par les modèles k-ω, k-ω SST et Stress-ω, et le profil expérimental. Cependant, le résultat obtenu avec le modèle k-ω est en parfait accord avec celui de l'expérience. En revanche, le profil prédit avec le modèle k-ε s'écarte un peu du profil expérimental.

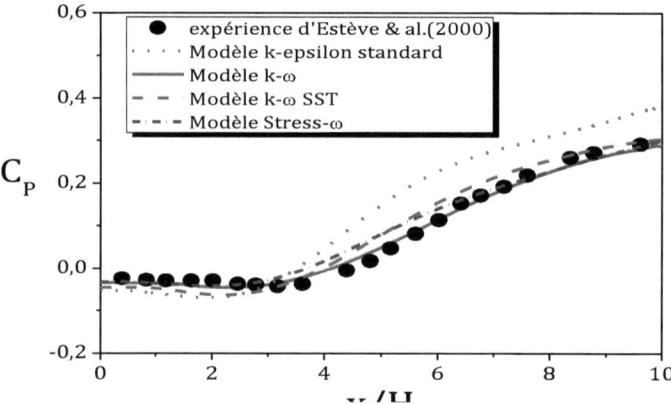

Figure IV-21. *Évolution longitudinal du coefficient de pression*
Le long de la paroi inférieure de la cavité (Comparaison des résultats obtenus avec différents modèles de turbulence avec ceux de l'expérience d'Estève et al. 2000)

A la base des comparaisons effectuées, pour l'étude de cette troisième partie, nous avons opté pour le modèle k-ω.

IV-4.1.3 Caractérisation de l'écoulement entrant de couche limite

Une représentation adimensionnelle de la vitesse moyenne longitudinale rapportée à la vitesse maximale en fonction de la distance verticale réduite y/δ est donnée par la Figure IV-22.

Cette Figure regroupe le profil numérique à la section $x=-H$ et le profil expérimental de Klebanoff (1951).

On peut constater un accord satisfaisant entre le résultat prédit par le modèle k-ω et celui de l'expérience, ce qui conforte l'hypothèse de l'écoulement amont de type couche limite.

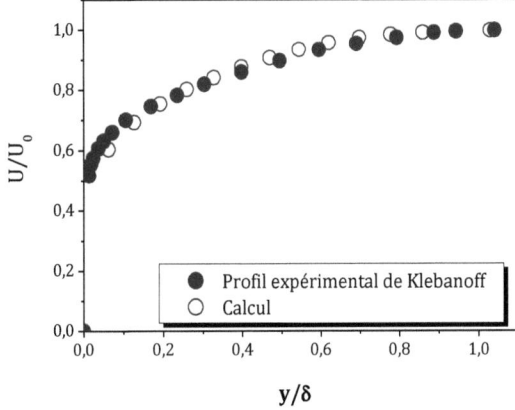

Figure IV-22. *Profil d'entrée de la vitesse longitudinale*

IV-4.1.4 Profils de la composante longitudinale de la vitesse moyenne

La distribution des profils de la composante longitudinale de la vitesse moyenne à différentes sections à l'intérieur de la cavité est illustrée par la Figure IV-23. La vitesse moyenne est rapportée à la vitesse maximale locale U_{max} et la coordonnée y est rapportée à la profondeur H de cavité. Cette figure regroupe les résultats de la prédiction numérique et ceux de l'expérience.

Nous remarquons que les profils numériques s'accordent très bien avec ceux de l'expérience. Les profils évoluent d'un profil de couche limite, en amont de la cavité,

117

à celui d'une couche cisaillée à l'intérieur de la cavité. Les valeurs négatives de la vitesse justifient la présence de la zone de recirculation.

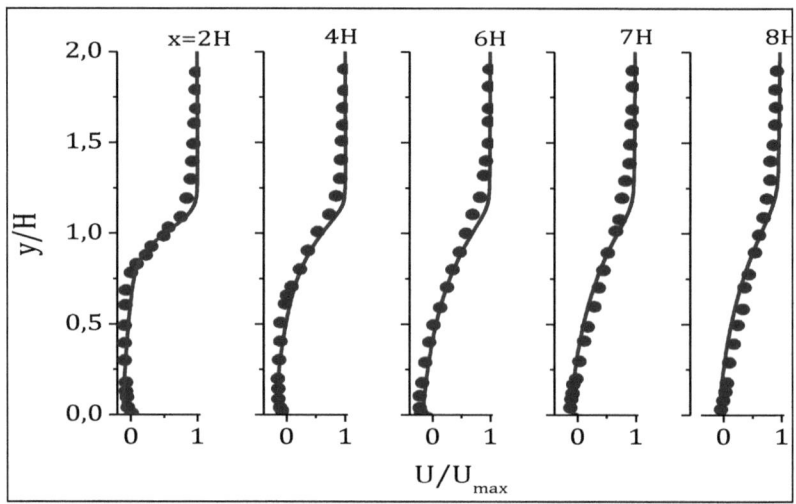

Figure IV-23. Évolution des profils de vitesse moyenne U/U$_{max}$ en fonction de y/H.

● : *Mesures d'Estève et al. (2000) ; —— : Modélisation avec k-ω*

IV-4.2 Influence de l'intensité de turbulence de l'écoulement incident sur l'écoulement de cavité

L'influence de l'intensité de turbulence sur l'évolution de l'écoulement de cavité a été examinée pour des valeurs de I = 0.05%, I=5%, I=10% et I=15%.

IV-4.2.1 Structure de l'écoulement moyen

La Figure IV-24 présente les cartes des lignes de courant pour un nombre de Reynolds Re=67000 et pour différentes intensités de turbulence de l'écoulement amont. Nous remarquons que, pour les intensités de turbulence considérées dans notre étude, la cavité renferme trois bulles de recirculation en plus de la présence d'un tourbillon de petites dimensions sur la marche aval. Cependant, l'augmentation de l'intensité de turbulence de l'écoulement incident provoque la diminution de la taille de la recirculation principale et l'augmentation de la taille du tourbillon situé devant le mur vertical de la marche aval.

L'influence de l'intensité de turbulence sur l'évolution de l'écoulement d'une cavité de rapport d'aspect égal à 8 a été examinée numériquement par Zdanski et al. (2003). Cette étude a révélé des résultats similaires. Ainsi, l'augmentation de l'intensité de turbulence provoque une diminution de la longueur du tourbillon principal et accélère le phénomène de recollement (Madi Arous & al., 2008).

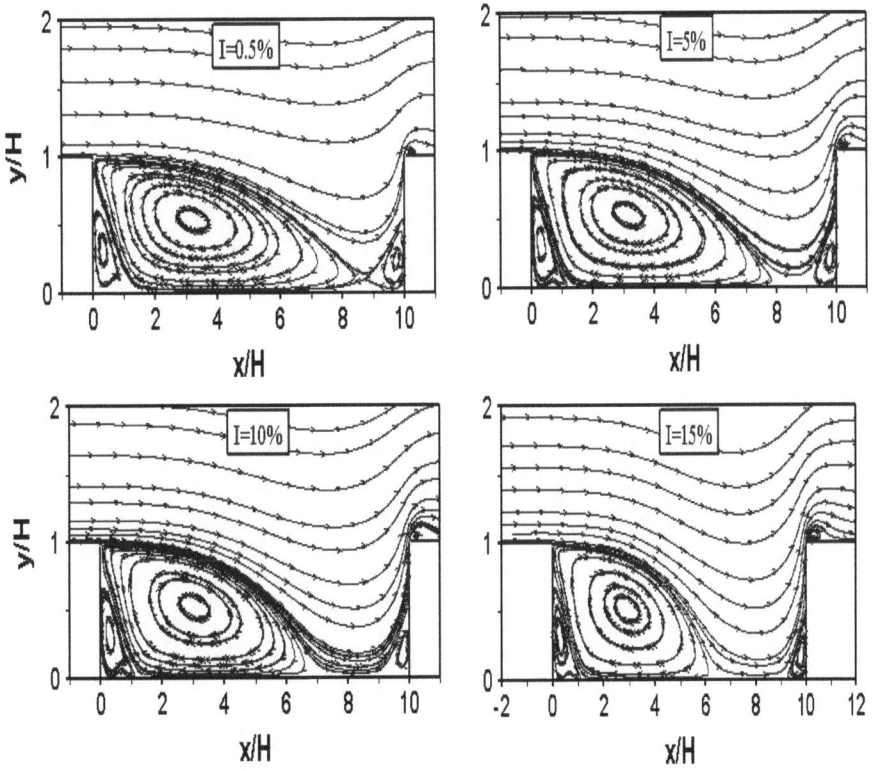

Figure IV-24 *Évolution de la structure globale de l'écoulement en fonction de l'intensité de turbulence*

IV-4.2.2 Le recollement

Le phénomène de recollement est examiné à travers l'évolution du coefficient de frottement le long de la paroi inférieure de la cavité.

La Figure IV-25 montre la distribution longitudinale du coefficient de frottement pour les différentes intensités de turbulence considérées dans notre étude. On remarque un non recollement de la couche cisaillée pour une intensité de turbulence de 0.5% ; dans ce cas l'écoulement est celui de cavité ouverte. L'augmentation de l'intensité de turbulence conduit au recollement de la couche cisaillée ; l'écoulement est alors celui d'une cavité fermée pour les intensités de turbulence de 5%, 10% et I=15% et celui de cavité transitionnelle pour I=2%.

La Figure IV-26 montre l'évolution de la longueur de recollement en fonction de l'intensité de turbulence. Nous constatons que l'augmentation de l'intensité de turbulence provoque une diminution de la longueur de recollement ; un résultat similaire a été mis en évidence par l'étude numérique de Zdanski et al. (2003).

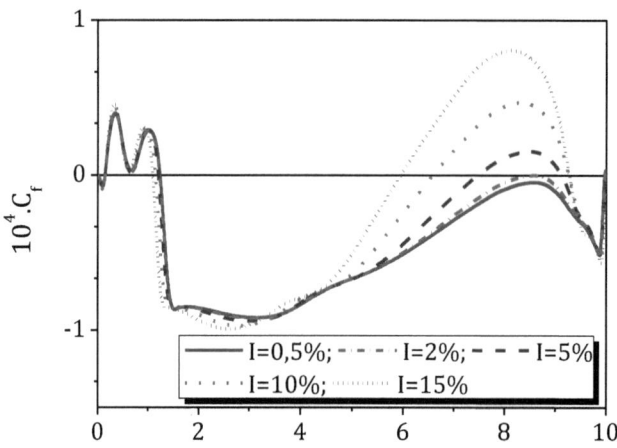

Figure IV-25. *Évolution du coefficient de frottement à la paroi inférieure Influence de l'intensité de turbulence*

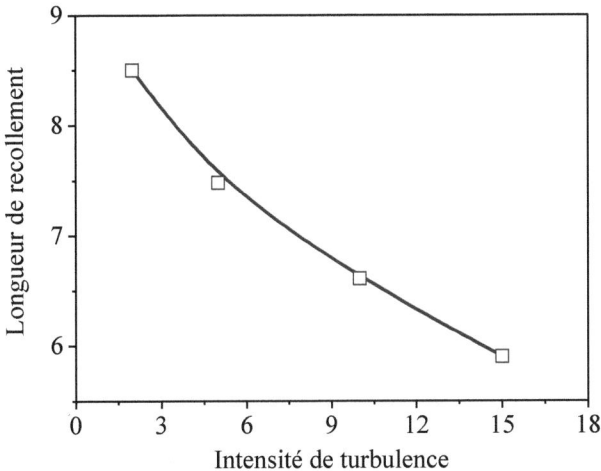

Figure IV-26. *Évolution de la longueur de recollement*
Influence de l'intensité de turbulence

IV-4.3 Influence du nombre de Reynolds sur l'écoulement de cavité

L'effet du nombre de Reynolds sur l'écoulement de la cavité a été examiné pour des valeurs du nombre de Reynolds de 2.10^4, 4.10^4, $6,7.10^4$ et 10^5 et pour une intensité de turbulence de l'écoulement incident de 2%.

IV-4.3.1 Structure de l'écoulement moyen

Les cartes des lignes de courant la Figure IV-27 illustre l'évolution de la structure de l'écoulement moyen dans la cavité en fonction du nombre de Reynolds.

Ces cartes révèlent que l'influence du nombre de Reynolds est faiblement ressentie par l'écoulement. La structure de l'écoulement est identique pour les différents nombres de Reynolds considérés dans notre étude. Trois structures tourbillonnaires sont présentes dans la cavité en plus d'une zone tourbillonnaire de petites dimensions, sur la marche aval (Madi Arous et al., 2008).

La faible influence du nombre de Reynolds sur l'écoulement d'une cavité de rapport d'aspect de 12 a été également constatée par Zdanski et al. (2003). Son étude a montré que l'effet du nombre de Reynolds est très important dans le cas d'un écoulement amont laminaire alors qu'il l'est beaucoup moins dans le cas d'un écoulement amont turbulent.

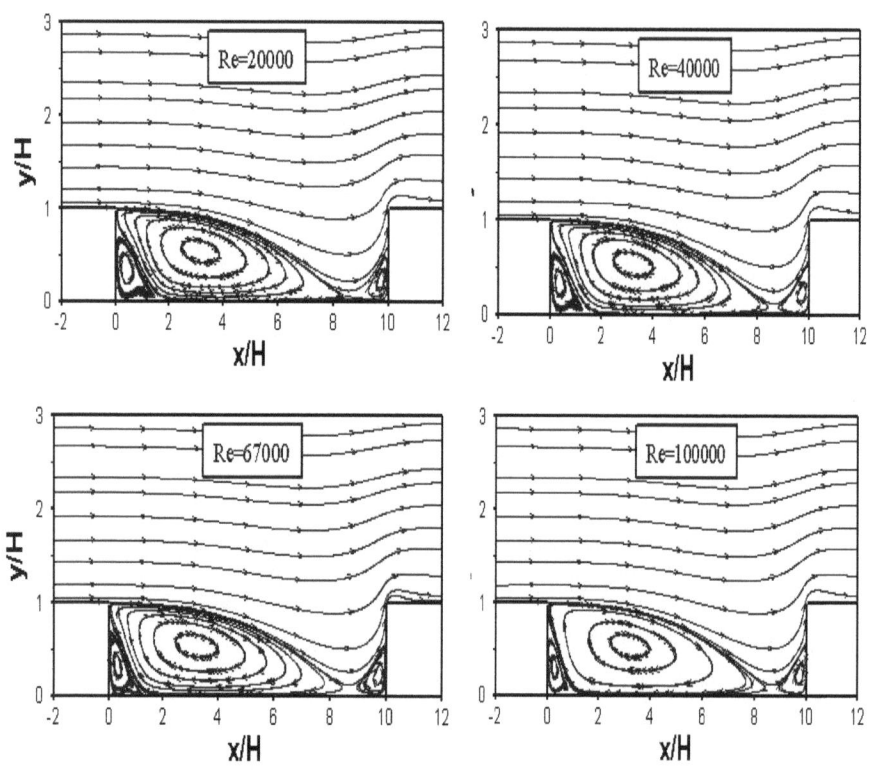

Figure IV-27. Évolution de la structure de l'écoulement moyen en fonction du nombre de Reynolds

IV-4.3.2 Le recollement

La Figure IV-28 donne la distribution longitudinale du coefficient de frottement le long de la paroi inférieure de la cavité pour plusieurs nombres de Reynolds de l'écoulement entrant. L'influence du nombre de Reynolds est très faible comparé à celle de l'intensité de turbulence. Un aplatissement des profils est constaté lorsque la valeur du nombre de Reynolds augmente. Le recollement de la couche cisaillée n'a pas lieu pour les nombres de Reynolds $Re = 2.10^4$, 3.10^4 et 4.10^4 ; l'écoulement dans la cavité est alors celui d'une cavité ouverte. L'augmentation du nombre de Reynolds (Re= $6,7.10^4$ et 10^5) conduit à l'apparition d'un écoulement de cavité transitionnelle. Cependant, la longueur de la recirculation principale demeure pratiquement constante. Ce résultat rejoint celui des expériences d'Eaton et Johnston (1981) qui ont révélé que la longueur de recollement derrière une marche descendante est variable en régime laminaire pour atteindre une valeur asymptotique en régime turbulent.

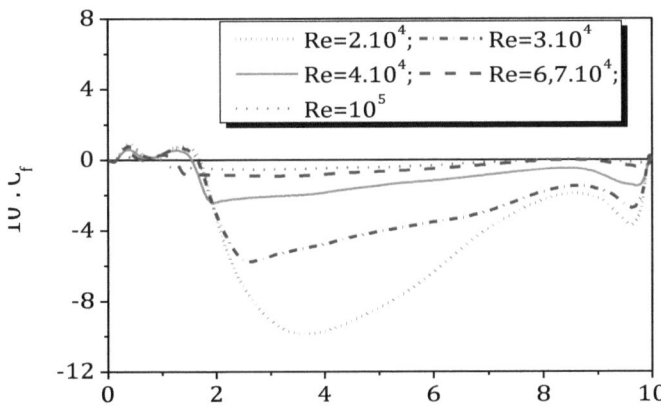

Figure VI-28. *Évolution du coefficient de frottement à la paroi inférieure Influence du nombre de Reynolds*

IV-4.4 Influence de la nature de l'écoulement entrant
Étude comparative entre l'écoulement incident de couche limite et celui de jet plan pariétal - Influence du rapport de la profondeur de la cavité sur la hauteur de la buse de sortie du jet

Dans cette partie de notre étude, nous examinons l'écoulement dans la cavité pour deux types d'écoulements entrants, l'écoulement de couche limite et celui d'un jet plan pariétal. Nous avons exploré l'influence du rapport de la profondeur de la cavité sur la hauteur de la buse afin d'étendre notre investigation à un paramètre qui nous a semblé important.

Différents rapports H/b ont été considérés : H/b=2, H/b= 3/2, H/b=1, H/b=2/3 et H/b=1/2 et ont été comparés à l'écoulement entrant de couche limite.

III-4.4.1 Structure globale de l'écoulement moyen

La Figure IV-29 montre l'évolution de la structure de l'écoulement moyen dans la cavité sous l'incidence de l'écoulement de couche limite et celle du jet plan pariétal pour différents rapports H/b.

On remarque la présence de trois structures tourbillonnaires dans la cavité. La zone de recirculation principale se situe juste derrière la marche amont accompagnée de tourbillons de plus petites dimensions devant les parois verticales. Une quatrième zone de recirculation est observée sur la marche aval. On constate une importante diminution de la longueur de la recirculation principale dans le cas de l'écoulement amont du jet pariétal comparée à celle observée dans le cas de la couche limite. L'augmentation de la profondeur de la cavité par rapport à la hauteur de la buse provoque la réduction de la longueur de cette recirculation. On constate également que la diminution de cette longueur est accompagnée d'une augmentation de la taille du tourbillon situé sur la marche aval.

III-4.4.2 Le recollement

Afin d'apprécier les longueurs des différentes zones de recirculation, nous avons examiné l'évolution du coefficient de frottement le long de la paroi inférieure et le long de la paroi aval (Figure IV-30(a), (b))

On observe le non recollement de la couche cisaillée à la paroi inférieure de la cavité dans le cas de l'écoulement amont de couche limite et le recollement dans tous les cas de l'écoulement incident du jet plan pariétal.

L'augmentation de la profondeur de la cavité provoque la diminution de la longueur de recollement et l'augmentation de la taille de la recirculation située sur la marche aval. (Madi Arous et al., 2011).

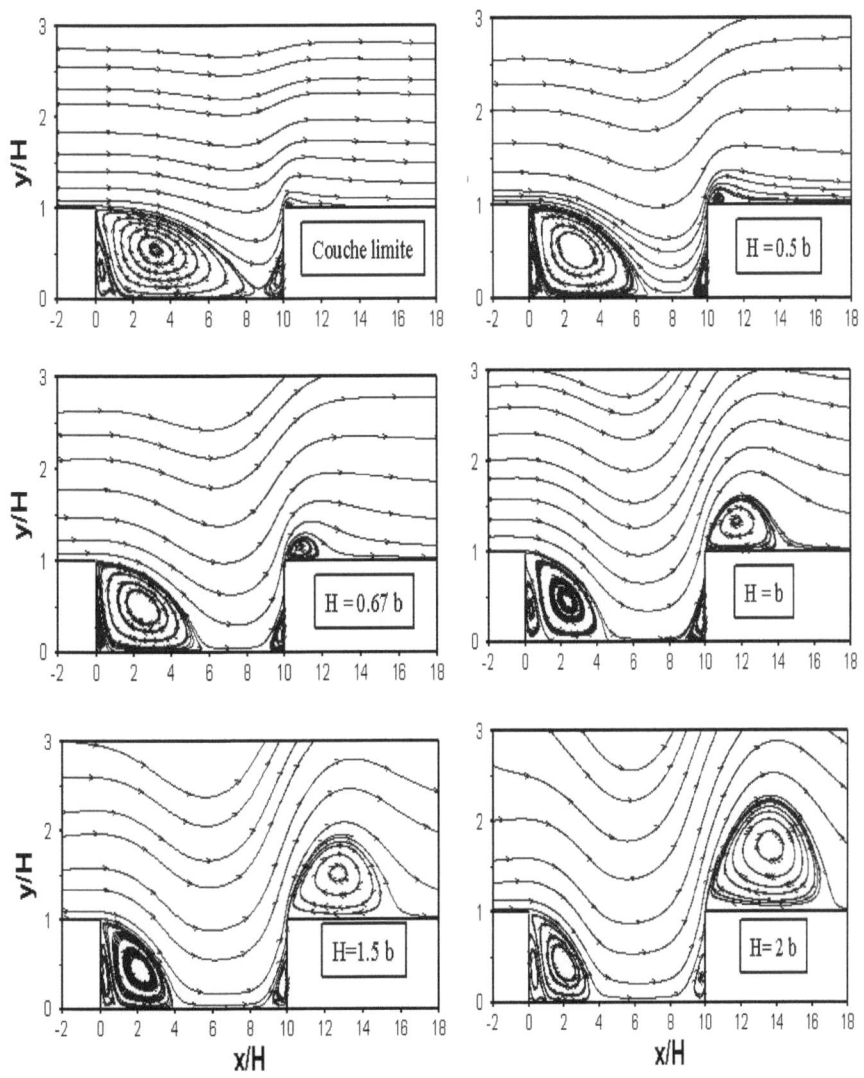

Figure VI-29. Structure de l'écoulement moyen sous l'incidence de l'écoulement de couche limite et celle du jet plan pariétal pour différents rapports H/b.

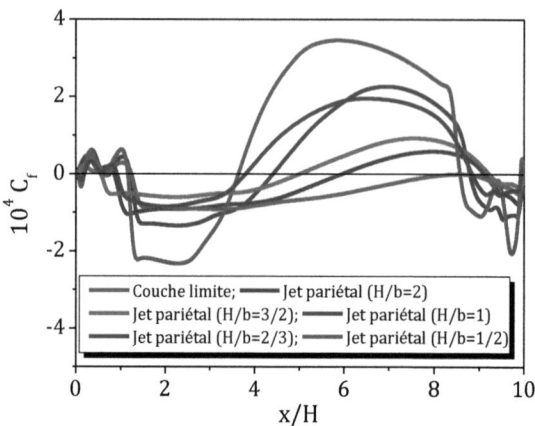

*Figure VI-30(a). Évolution du coefficient de frottement à la paroi inférieure
Comparaison : écoulement entrant de couche limite et celui du jet pariétal
Influence du rapport H/b*

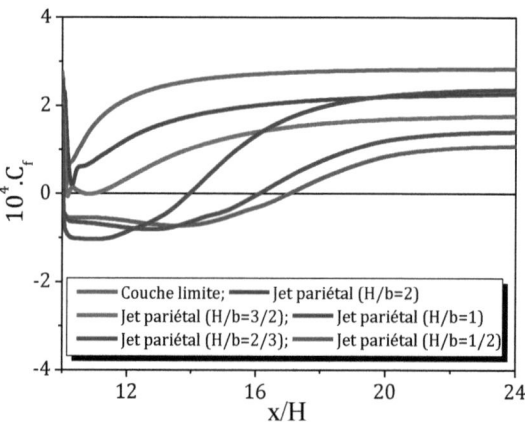

*Figure VI-30(b). Évolution du coefficient de frottement à la paroi aval
Comparaison : écoulement entrant de couche limite et celui du jet pariétal ;
Influence du rapport H/b*

Les Figures IV-31(a) et IV-31(b) montrent l'évolution des longueurs de recollement à la paroi inférieure et à la paroi aval. Comme le montre la Figure IV-29(a), la longueur de recollement à la paroi inférieure est inversement proportionnelle au rapport H/b. Il très intéressant aussi de constater l'évolution linéaire de x_R en fonction du rapport

126

b/H. La longueur de recollement à la paroi supérieure est directement proportionnelle au rapport H/b comme l'illustre la Figure IV-29.b. L'évolution de cette longueur est aussi linéaire. Ce résultat est très intéressant et nécessite de plus amples investigations.

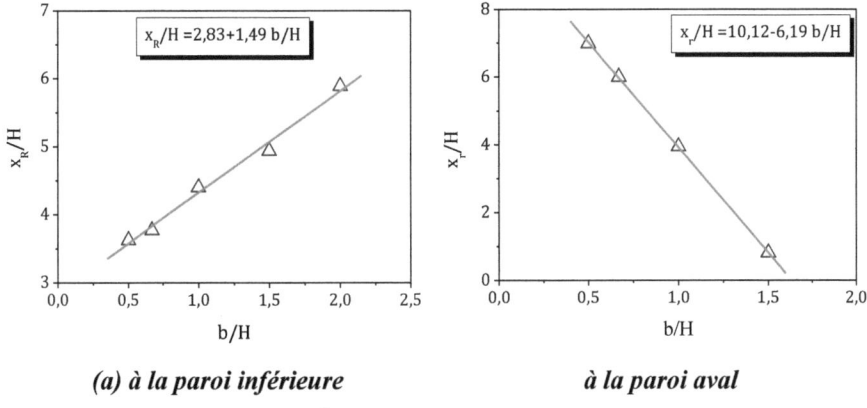

(a) à la paroi inférieure   *à la paroi aval*

Figure VI-31. Évolution de la longueur de recollement
en fonction du rapport b/H

III-4.4.3 La pression statique

La Figure IV-32 présente les contours du champ de pression statique à l'intérieur et autour de la cavité dans le cas de l'écoulement amont de couche limite et celui de jet pariétal pour différents rapports H/b. Les pressions dans la cavité sont plus importantes dans le cas de l'écoulement de couche limite avec une pression positive au voisinage du bord amont de la cavité. Nous remarquons qu'elle est aussi positive dans le cas du jet pour une profondeur de la cavité inférieure à b (H/b=1/2 et 2/3). Cependant, elle devient négative et décroit au fur et à mesure que la profondeur de la cavité diminue devant la hauteur de la buse de sortie du jet (H/b=1, 1.5 et 2). Le passage d'un écoulement entrant de couche limite à celui du jet pariétal induit une importante chute de pression juste derrière la marche amont.

L'augmentation du rapport H/b provoque une diminution de la pression dans cette région ainsi qu'une amplification de la bulle de recirculation. Une importante zone de dépression apparait sur la marche aval dans le cas du jet pariétal particulièrement pour des profondeurs de cavité inférieures à b (Madi Arous et al., 2011).

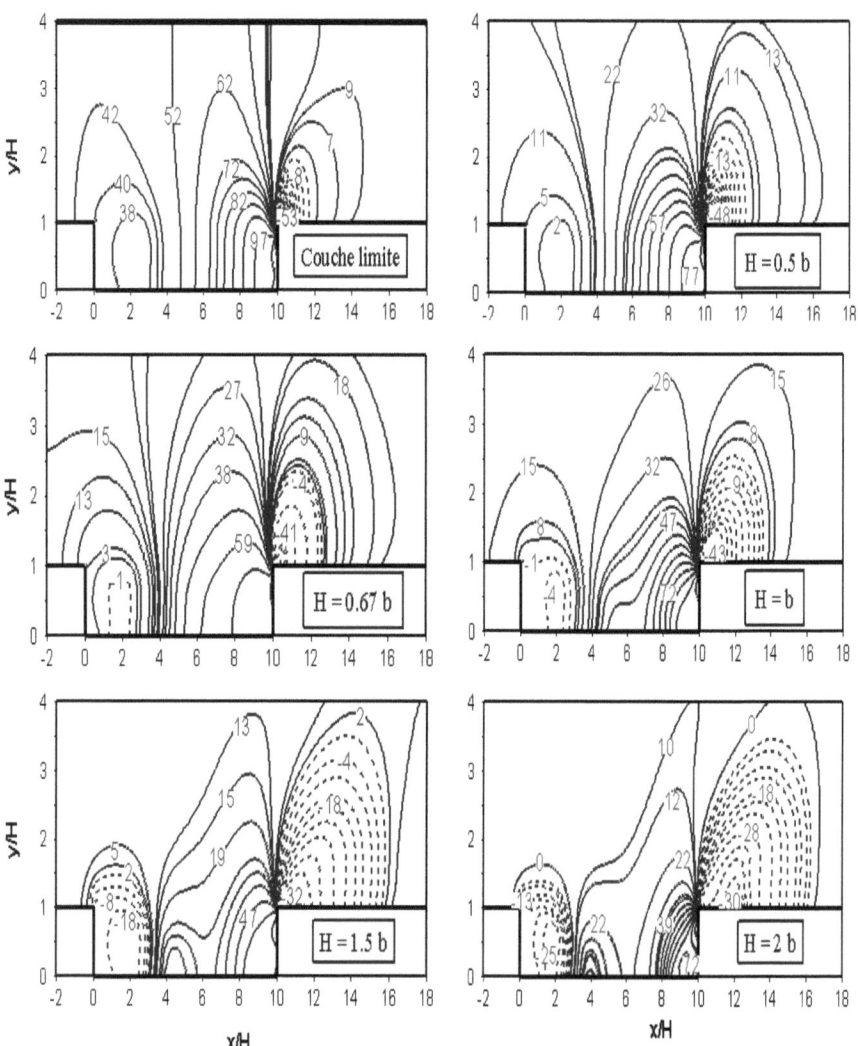

Figure IV-32. Cartes des isobares
Comparaison : écoulement entrant de couche limite et celui du jet pariétal
Influence du rapport H/b

III-4.4.4 *Vorticité*

La Figure IV-33 compare le module de la vorticité à l'intérieur de la cavité et dans son voisinage pour l'écoulement incident de couche limite et celui du jet pariétal pour différents rapports H/b.

Nous remarquons que la couche de cisaillement est le siège d'importantes structures tourbillonnaires. De grandes structures tourbillonnaires sont aussi générées au voisinage du bord aval et sont entrainées par l'écoulement moyen vers l'aval de la cavité. Dans le cas de l'écoulement incident de couche limite, la couche cisaillée de forte vorticité pénètre légèrement à l'intérieur de la cavité sans toucher la paroi inférieure. Une nappe de faible vorticité sépare cette couche de la paroi inférieure (Figure IV-31(a)).

Dans le cas de l'écoulement incident du jet pariétal, cette couche de forte vorticité balaye la paroi inférieure de la cavité (Figures IV-31(b) à IV-31 (f)). L'augmentation de la profondeur de la cavité par rapport à la hauteur de la buse de sortie du jet (rapport H/b) provoque le rabattement des structures tourbillonnaires de la couche externe vers l'intérieur de la cavité poussant ainsi les structures tourbillonnaires de la couche cisaillée interne vers la paroi inférieure. L'augmentation de la profondeur de la cavité accentue l'interpénétration de la couche cisaillée libre du jet. Ceci provoque le détachement des structures tourbillonnaires de la couche cisaillée de celles situées sur la paroi aval. Des structures turbulentes apparaissent alors le long de la paroi verticale aval. L'augmentation de la profondeur de la cavité génère, en plus des différentes structures turbulentes situées à l'intérieur de la cavité, une importante structure tourbillonnaire au dessus de la marche aval, au niveau de l'échappée du fluide de la cavité. La taille de cette structure s'amplifie considérablement avec l'augmentation de la profondeur de la cavité (Madi Arous et al., 2011)

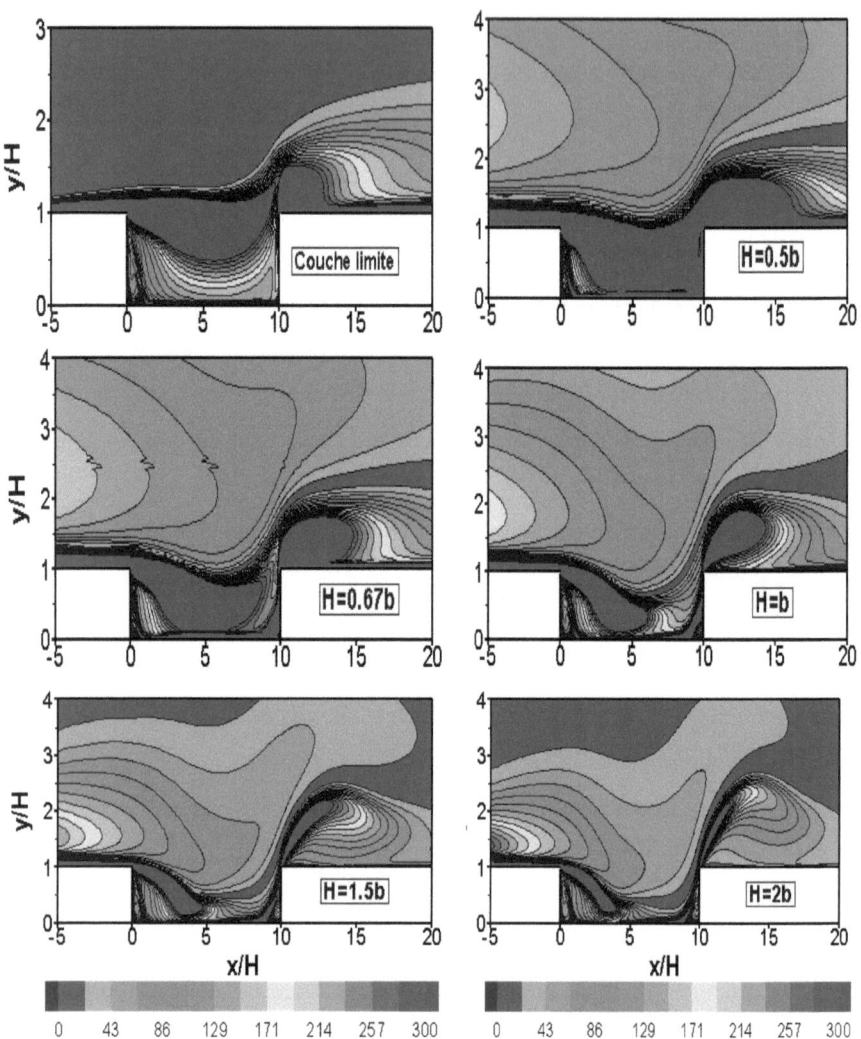

Figure IV-33. Cartes des iso contours du module de la vorticité
Comparaison : écoulement entrant de couche limite et celui du jet pariétal
effet du rapport profondeur de la cavité/hauteur de la buse de sortie du jet

III-4.4.5 L'Énergie cinétique turbulente

Les cartes des iso contours de l'énergie cinétique turbulente normalisée par U_0^2 dans le cas de l'écoulement incident de couche et celui du jet pariétal pour différents rapports H/b sont données par les Figures IV-34 (a), (b), (c), (d), (e) et (f).

Ces cartes confirment que le bord de fuite de la cavité est la principale source de production énergétique. On note des énergies plus élevées dans le cas de l'écoulement incident de couche limite comparées à celles des cas de l'écoulement amont du jet pariétal. La région située en aval de la cavité, juste derrière le bord de fuite, est le siège d'importantes activités énergétiques. De faibles valeurs de l'énergie cinétique turbulente sont enregistrées au voisinage de la paroi inférieure ; ceci peut s'expliquer par une réduction de la taille des structures tourbillonnaires à l'approche du fond de la cavité. Dans le cas de l'écoulement incident de couche limite, la couche de cisaillement et le bord de fuite sont les principales sources de l'activité énergétique. Dans le cas de l'écoulement incident du jet pariétal, la couche cisaillée externe du jet constitue également une importante source d'énergie turbulente qui vient s'ajouter aux deux premières. On constate que l'augmentation du rapport de la profondeur de la cavité sur la hauteur de la buse de sortie du jet accélère le rabattement des couches externes de fortes énergies vers la paroi inférieure. Ceci favorise l'interaction entre ces couches et la couche cisaillée interne comprimant ainsi les couches intermédiaires et réduisant la taille de la longueur de recollement (Arous Madi et al., 2011).

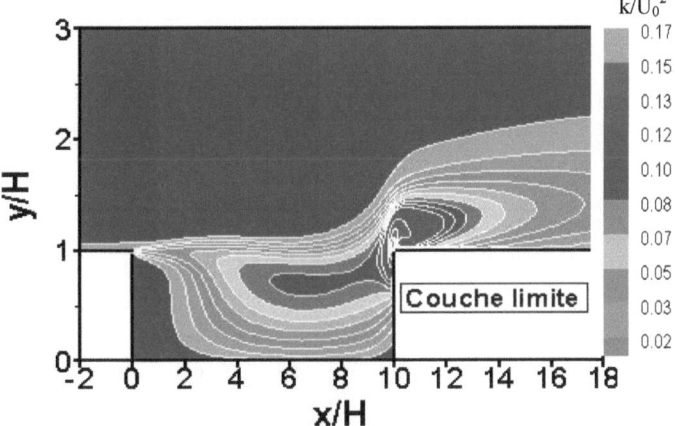

Figure IV-32(a). Carte des iso contours de l'énergie cinétique turbulente Cavité sous l'incidence de l'écoulement de couche limite

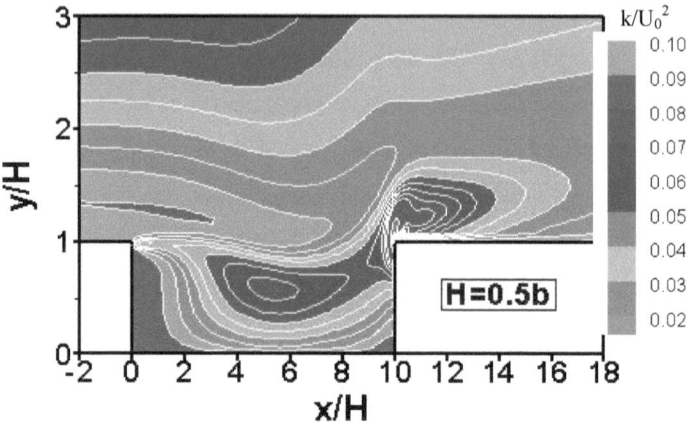

Figure IV-32(b). Carte des iso contours de l'énergie cinétique turbulente
Cavité sous l'incidence du jet pariétal
(H=0.5b)

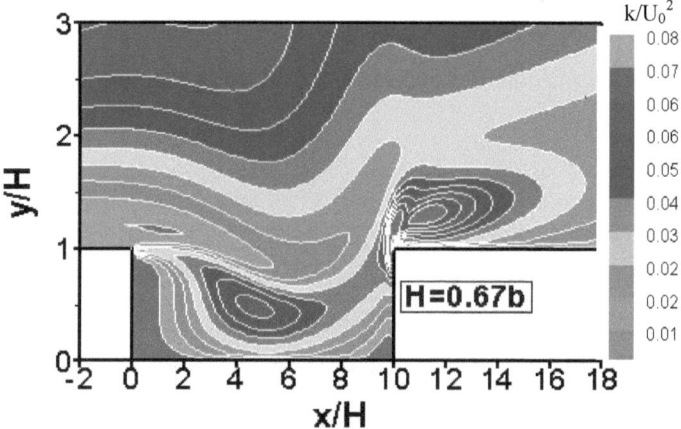

Figure IV-32(c). Carte des iso contours de l'énergie cinétique turbulente
Cavité sous l'incidence du jet pariétal
(H=0.67b)

132

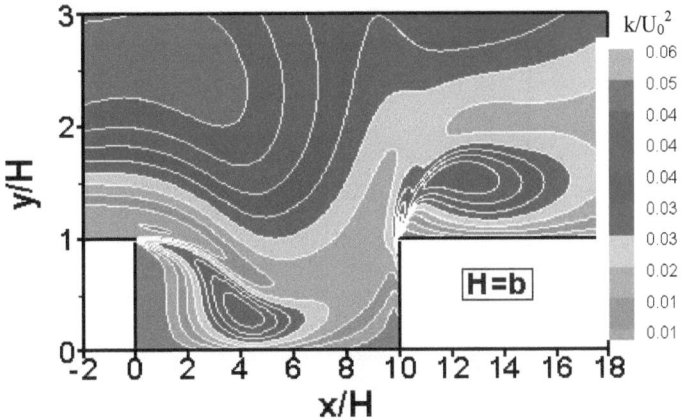

Figure IV-32(d). Carte des iso contours de l'énergie cinétique turbulente
Cavité sous l'incidence du jet pariétal
(H=b)

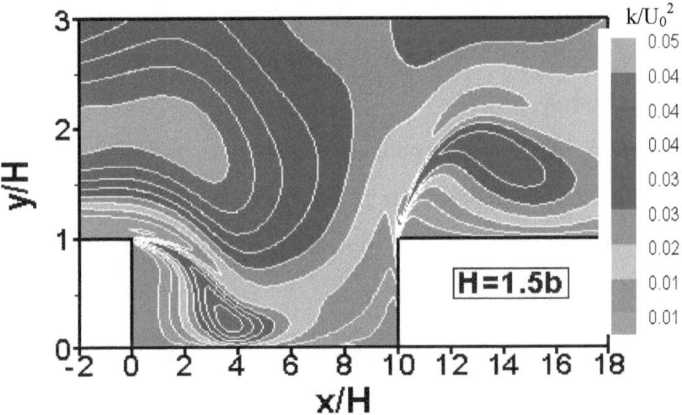

Figure IV-32(e). Carte des iso contours de l'énergie cinétique turbulente
Cavité sous l'incidence du jet pariétal
(H=1.5b)

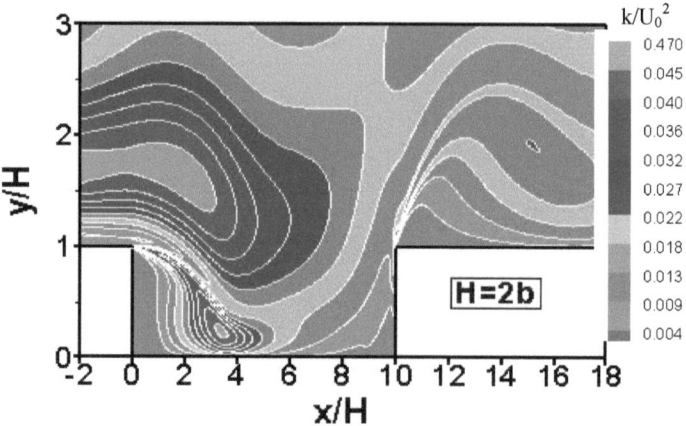

*Figure IV-32(f). Carte des iso contours de l'énergie cinétique turbulente
Cavité sous l'incidence du jet pariétal
(H=2b)*

IV-5 Conclusion

La comparaison des résultats obtenus par les deux modèles de turbulence utilisés avec les résultats expérimentaux, concernant le jet plan pariétal et l'interaction jet-marche descendante, montre que l'approche numérique adoptée est assez satisfaisante.

Les résultats de cette étude révèlent que les caractéristiques de l'écoulement incident semblent avoir plus d'influence sur les cavités avec un grand rapport d'aspect que sur celles avec un petit rapport d'aspect (AR<10). Les structures globales de l'écoulement dans ces cavités demeurent similaires pour les deux types d'écoulements incidents considérés dans cette étude qui sont l'écoulement de couche limite et celui du jet plan pariétal.

L'écoulement dans une cavité de rapport d'aspect égal à 10 est beaucoup plus sensible à l'intensité de turbulence de l'écoulement incident de couche limite qu'au nombre de Reynolds. L'augmentation de l'intensité de turbulence favorise le phénomène de recollement alors que l'influence du nombre de Reynolds semble être moins ressentie par l'écoulement de la cavité de rapport d'aspect égal à 10.

On constate un recollement précoce dans le cas de l'écoulement entrant de jet plan pariétal comparé à celui du cas de la couche limite. L'augmentation du rapport de la profondeur de la cavité sur la hauteur de la buse de sortie du jet (H/b) accélère le phénomène de rattachement de la couche cisaillée à la paroi inférieure.

Conclusion générale

La synthèse bibliographique montre la complexité des phénomènes associés aux écoulements de cavité, comme les phénomènes d'oscillation et du rayonnement sonore qui ont fait l'objet de nombreuses investigations depuis plusieurs années. Les travaux antérieurs révèlent que ce type d'écoulement est sensible à plusieurs paramètres tels que les rapports de forme de la cavité (longueur/envergure et longueur/profondeur) et les caractéristiques de l'écoulement incident. Une première classification des écoulements de cavité est basée sur ces rapports de forme. Néanmoins les nombreuses recherches effectuées à ce jour révèlent que les caractéristiques de l'écoulement incident ont une très grande influence sur l'évolution de l'écoulement dans la cavité.

La présente étude traite l'influence de la nature de l'écoulement amont sur l'écoulement de cavité. Deux types d'écoulements entrant sont considérés : l'écoulement de couche limite et celui du jet plan pariétal.

L'approche numérique repose sur deux modèles de turbulence qui sont le modèle k-ω et le modèle Stress- ω à faibles nombres de Reynolds. La comparaison des résultats obtenus avec ces deux modèles de turbulence aux résultats expérimentaux concernant le jet plan pariétal et l'interaction jet-marche descendante montre que l'approche numérique adoptée est assez satisfaisante.

Les caractéristiques de l'écoulement incident semblent avoir plus d'influence sur les cavités de grand rapports d'aspect que sur celles de faibles rapports d'aspect dont la structure globale de l'écoulement demeure identique pour les deux différents écoulements entrants. Dans le cas de l'écoulement entrant de jet pariétal, les cavités de grands rapports d'aspect sont caractérisées par une réduction considérable de la longueur de recollement et par l'apparition d'une importante zone de recirculation sur la marche aval.

L'écoulement dans une cavité de rapport d'aspect égal à 10 est beaucoup plus sensible à l'intensité de turbulence de l'écoulement incident qu'au nombre de Reynolds. L'augmentation de l'intensité de turbulence accélère le processus de recollement.

Un recollement précoce est aussi constaté dans le cas de l'écoulement incident de jet plan pariétal comparé à celui de la couche limite. Ceci est probablement dû à l'interaction de la couche externe du jet, qui est une importante source d'énergie cinétique turbulente, et la couche de cisaillement interne compressant ainsi les couches intermédiaires provoquant la réduction de la longueur de recollement. L'augmentation de la profondeur de la cavité par rapport à la hauteur de la buse de sortie du jet (H/b) accélère le processus de rattachement.

Perspectives

- Compte tenu de l'originalité des résultats obtenus par cette étude, il serait donc intéressant d'envisager une étude expérimentale de l'écoulement de cavité sous l'incidence d'un jet plan pariétal turbulent afin de valider les résultats numériques.

- L'écoulement issu de l'interaction jet-cavité est probablement instationnaire, on pourrait envisager une simulation en régime instationnaire.

- Une simulation 3D serait de mise également afin d'examiner l'effet de la tridimensionnalité de cette configuration (interaction jet-cavité).

- Nous comptons examiner aussi le transfert thermique dans les écoulements issus de l'interaction jet-cavité.

Références

1. **Adams E. W., Johnston, J. P. & Eaton J. K.**, 1984, Experiments on the structure of turbulent reattaching flow, Report MD-43, Thermo Science Division –Dept. of Mech. Eng-Stanford Univ. California.

2. **Ahuja, K. K., Mendoza, J.**, 1995, Effects of cavity dimensions, boundary layer and temperature on cavity noise with emphasis on benchmark data to validate computational aeroacoustic codes. NASA Contractor Report, No. 4653.

3. **Alammar K. N,** 2006, Effect of cavity aspect ratio on flow and heat transfer characteristics in pipes: a numerical study. Heat and Mass Transfer, 42, pp. 861-866.

4. **Alberts-Chico X., Pérez-Segarra C.D., Olivia A. & Bredberg J.**, 2008, Analysis of wall function approaches using two equation turbulence models, International Journal of Heat and Mass Transfer, vol. 51(19-20), pp. 4940-4957.

5. **Armaly B. F., Durst F., Pereira J. C. & Schönung B.**, 1983, Experimental and theoretical investigation of backward facing step, J. of Fluid Mech., vol. 127, pp. 473-496.

6. **Ashcroft G. & Zhang Xin**, 2005, Vortical structure over rectangular cavities at low speed, Phsics of Fluids, vol. 17, 015104.

7. **Avelar A. C., Fico N. G C R & Mello O. A. F.**, 2007, Three-dimensional flow over shallow cavities. 37 th AIAA Fluid Dynamics Conference and Exhibit, 4234.

8. **Badri K.**, 1993, Étude expérimentale d'un écoulement turbulent en aval d'une marche descendante: cas d'un jet pariétal et de la couche limite, Thèse de doctorat, École doctorale Sciences pour l'ingénieur de Nantes.

9. **Baysal O. & Stallings R.L.**, 1987, Computational and experimental investigation of cavity flowfields, AIAA Journal, vol. 26(1), pp. 6-7.

10. **Binet B.**, 1998, Étude de la fusion dans les enceintes munies de sources de chaleur discrete, these de Doctorat, Université de Sherbrooke.

11. **Block P. J. W.**, 1976, Noise response of cavities of varying dimensions at subsonic speeds. NASA, Tecn. Note D.8351.

12. **Bradshaw, P., Ferriss, D. H. & Atwell, N. P.**, 1967, Calculation of boundary layer development using the turbulent energy equation, J. Fluid Mechanics, vol. 28(3), pp. 593-616.

13. **Bredberg J., Peng S-H, Davidson L.**, 2002, An improved k-ω turbulence model applied to recirculating flows, International Journal of heat and Fluid flow, vol.23, pp. 731-743.

14. **Bruggeman J. C.**, 1987. Flow-induced pulsations in pipe systems. Thèse de PhD, Eindhoven university of Technology.

15. **Bourguet R.**, 2008. Analyse physique et modélisation d'écoulements turbulents instationnaires compressibles autour de surfaces portantes par approches statistiques haute-fidélité et de dimension réduite dans le contexte de l'interaction fluide-structure. Thèse de Doctorat, Institut National Polytechnique de Toulouse.

16. **Boussinesq J.**, 1877. Théorie de l'écoulement tourbillonnant. Mem. Presentés par Divers Savants Acad. Sci. Inst. France, vol. 23, pp. 46-50.

17. **Burggraf O. R.**, 1966, Analytical and numerical studies of the structures of steady separated flows, J. Fluid Mechanics, vol.24, pp. 113-151.

18. **Chatellier L.**, 2002. Modélisation et contrôle actif des instabilités aéroacoustiques en cavité sous écoulement affleurant. Thèse de Doctorat, Université de Poitiers.

19. **Charwat A.F., Roos J.N., Dewey F.C. & Hitz J.A.**, 1961, An investigation of separated flow, Part 1: The pressure field. Journal of Aerospace Sciences, Vol. 28, pp. 457-470.

20. **Chassaing P.**, 2000, Turbulence en mécanique des fluides, Cépaduès-Éditions, Toulouse.

21. **Chou P. Y.**, 1945, On the velocity correlations and the solution of the equations of turbulence fluctuation, Quart. Appl. Math., vol. 3, pp. 38-54.

22. **Chung Kung-Ming, 1999,** A study of transonic rectangular cavity of varying dimensions, AIAA-99-1909, A99-27873, pp. 733-741.

23. **Colonius T., Basus A. J. & Rowley C. W., 1999**, Computation of sound generation and flow acoustic instabilities in the flow past an open cavity. 3rd ASME/JSME Joint Fluids Engineering Conference, San Francisco, California, USA.

24. **Curle N.**, 1953, The mechanics of edge tones. Proceedings of the physical Society, London A 10, 216, $N°$ 1126, pp. 212-424.

25. **Curle N.**, 1955, The influence of solid boundaries upon aerodynamic sound, Proc. Of the Royal Society of London, A 231, pp. 505-514.

26. **Crook S., Kelso R. & Drobik J.**, 2007, Aeroacoustics of aircraft cavities. 16th Australian Fluid Mechanics Conference, Australia.

27. **Daly B. J. & Harlow F. H.**, 1970, Transport equation in turbulence. Physi. Of Fluids, vol. 13(11), pp. 2634-2649.

28. **Davidov B. I.**, 1961, On the statistical dynamics of incompressible fluid, Doklady akademiya Nauk SSSR, vol. 136, pp. 47-60.

29. **Davidson L.**, 2011. An introduction to turbulence Models. Chalmers publication 97/2.

30. **De Roeck W., Desmet W. & Baelmans, P. Sas.** On the prediction of near field cavity flow noise using different CAA techniques, Proceedings of ISMA, pp. 369-388, 2004.

31. **Deng G.B.**, 1989, Discrétisation des équations de Navier-Stokes pour un écoulement incompressible, 2ème journées de l'hydrodynamique, Nantes, pp. 19-34.

32. **Donaldson C. & Du P.**, 1969. A computer study of an analytical model of boundary layer transition, AIAA Journal, vol. 7 (1), pp. 271-278.

33. **Driver D. M.& Seegmiller H. L.**, 1985, Features of reattaching turbulent shear layer in divergent channel flow. AIAA Journal, vol 23(2), pp. 163-171.

34. **Durst F. & Tropea C.**, 1981, turbulent backward facing step flows in two dimensional ducts and channels, Third Int. Symp. On Turbulent Shear Flows, University of Californa, Davis, 18.1-18.5.

35. **Eaton J. K. & Johnston J. P.**, 1981, A review of research on subsonic turbulent flow reattachment, AIAA, vol. 19, pp. 1093-1099.

36. **Elder S. A.**, 1978, Self-excited depth mode resonance for wall mounted cavity in turbulent flow, J. Acoust. Soc. Am., 64, 3, pp. 877-890.

37.**Ericksson J., Karlsson R. I., Persson J.**, 1998, An experimental study of a two– dimensional plane turbulent wall jet. Experiments in Fluids, Vol. 25, pp. 50-60.

38. **Estève M. J., Reulet P. et Millan P.**, 2000, Flow field characterisation within a rectangular cavity, 10th International Symposium on Applications of Laser Techniques to Fluid Mechanics. Lisboa, Portugal.

39. **Farassat F. & Brown T. J.**, 1977, A new capability for predicting helicopter rotor and propeller noise including the effect of forward motion, NASA, Technical Report TM X-74037.

40. **Faure T. M., Adroanos P., Lusseyran F. & Pastur L.**, 2007, Visualisations of the flow inside an open cavity at medium range Reynolds numbers. Exp Fluids, vol. 42, pp. 169-184.

41. **Ffowcs Williams, J. E. & Hall, L. H.**, 1970, Aerodynamic sound generation by turbulent flow in the vicinity of a scattering half-plane, J. Fluid Mech., 40, pp. 657-670.

42. **Fluent,** 6.3 Documentation, User's guide.

43. **Forestier, N.**, 2000, Étude expérimentale d'une couche cisaillée au dessus d'une cavité en regime transsonique. Thèse de doctorat, École centrale de Lyon.

44. **Gharib M. & Roshko A., 1987.** The effect of the flow oscillations on cavity drag. J. Fluid Mech., vol. 177, pp. 501-530.

45. **Glockner S.**, 2000, Contribution à la modélisation de la pollution atmosphérique dans les villes. Thèse de doctorat, Université de   Bordeaux I.

46. **Gloerfielt X.**, 2001, Bruit rayonné par un écoulement affleurant une cavité : simulation aéroacoustique directe et application de méthodes intégrales. Thèse de doctorat, École centrale de Lyon.

47. **Gloerfielt X., Bogey C., Bailly C.**, 2003, Influence de la largeur transversale d'une cavité sur le bruit rayonné par un écoulement affleurant, $16^{\text{éme}}$ Congrès Français de Mécanique, Nice.

48. **Gloerfielt X., Bailly C. and Juvé D.**, 2003, Direct computational of the noise radiated by a subsonic cavity flow and application of integral methods, Journal of Sound and Vibration, Vol. 266, pp. 119-146.

49. **Gibson J. E.**, 1958, An analyse of supersonic cavity flow, S.M.   Thesis, M.I.T. Dept. of Aeronautics and Astronautics, Cambridge, Mass.

50. **Gonzalez C. A. & Chanson H.**, 2004, Interactions between cavity flow and main stream skimming flows: an experimental study, NRC Research Press Web, pp. 33-43.

51. **Guj G., Camussi R., Di Marco A. & Ragni, A.**, 2004, Noise emission in large aspect ratio cavities, 15th Australian Fluid Mechanics Conferences, Australia.

52. **Hanjalic K. & Launder, B. E.**, 1972. A Reynolds stress model of turbulence and its application to thin shear flow. J. Fluid Mech., vol. 52(4), pp. 609-638.

53. **Hanjalic K. & Launder, B. E. & Schiestel, R.**, 1979, Multiple time scale concept in turbulence transport modelling, 2nd Int. Symp. on Turbulent Shear Flows II, Springer Verlag. pp. 36-49.

54. **Hankey W. L. & Shang J. S.**, 1980, Analyses of pressure oscillations in an open cavity, AIAA journal, vol. 14(5), pp. 892-898.

55. **Harlow F. H. & Nakayama P. I.**, 1967, Turbulence transport equation, Phys. Of Fluids, vol. 10 (11), pp. 2323-2343.

56. **Heller H. H. & Bliss D. B.** The physical mechanism of flow-induced pressure fluctuations in cavities and concepts for their suppression, AIAA paper, N° 75-491, 1975.

57. **Heller H.H. & Dobrzynski W.M.** Sound radiation by aircraft wheel well/landing gear configurations. J. Aircr., 14(8), p. 768-774, 1977.

58. **Henderson B.** Automobile noise involving feedback-sound generation by low speed cavity flows. Third Computational Aeroacoustics (CAA) Workshop on Benchmark Problems NASA-CP, 209790, pp. 95–100, 2000.

59. **Illy H.** Contrôle de l'écoulement au dessus d'une cavité en régime transsonique. Thèse de doctorat, École centrale de Lyon, 2005.

60. **Jacob M. C., Louisot A., Juve D. & Guerrand S.**, 2001, Experimental study of sound generated by backward facing steps under wall jet. AIAA journal, vol. 39, No.7, pp. 1254-1260.

61. **Kader B.,** 1981, Temperature and concentration profiles in fully turbulent boundary layers, Int. J. Heat Mass Transfer, vol. 24(9), pp. 1541-1544.

62. **Kanna K. P., Manab K. D.,** 2006, Numerical simulation of two dimensional laminar incompressible wall jet flow under backward facing step, Journal of fluids engineering, vol. 128, N° 5, pp. 1023-1035.

63. **Karamcheti K.** Acoustic radiation from two-dimensional rectangular cutouts in aerodynamic surfaces. NACA, Tech. Note 3497, 1955.

64. **Keller J. O., Vaneveld,L., Korschelt D., Hubbard G. L.**, 1981, Ghoniem, A. F., Daily, J. W. & Oppenheim, A. K. Mechanism of instabilities in turbulent combustion leading to flashback. AIAA Journal, vol. 20 (2), pp. 254-262.

65. **Kim S. W.,** 1990, Numerical investigation of separated transonic turbulent flows with a multiple time scale turbulence model, Numerical Heat Transfer, part A, vol. 18, pp. 149-187.

66. **Klebanoff P. S and Diehl Z. W.,** 1951, Some features of artificially thickened fully developed turbulent boundary layers with zero pressure gradient. Supersedes NACA, TN, 2475.

67. **Krishnamurty K.,** 1955, Acoustic radiation from two-dimensional rectangular cutouts in aerodynamic surfaces. NACA, Tech. Note 3487.

68. **Krishnamurty K.,** 1956, Sound radiation from surface cutouts in high speed flow, thesis doctor of philosophy, California institute of technology Pasadena.

69. **Kung Ming Chung,** 1999, A study of transonic rectangular cavity of varying dimensions. AIAA Journal, 99-1909, pp. 733-741.

70. **KyoungSik C.,** 2005, Constantinescu G. & Seung-O P. Influence of inflow on the development of the flow and pollutant transport for the flow past an open cavity. 4st International on computational heat and mass transfer, May 17-20, Paris-Cachan, France.

71. **Labbé O., Troff B. e & Sagaut P.,** 1998, Direct numerical of flow in an open cavity" 4th ECCOMAS 98. Computational Fluid Dynamics Conference Athenes, Greece.

72. **Larcheveque L., Labbe O., Mary I. & Sagaut P.,** 2001, Large Eddy Simulation of subsonic flow over a deep, open cavity. 3th AFOSR International conference on direct numerical simulation and large eddy simulation, TAICDL, August 5-9, University of Texas at Arlington, Texas, USA.

73. **Larcheveque L., Comte P. & Labbe O.,** 2003, La simulation des grandes échelles, appliquée à l'étude des écoulements de cavité. $16^{éme}$ Congrès Français de Mathématique, Nice, 01-05 Septembre.

74. **Launder B. E. & Schiestel R.,** 1978, sur l'utilisation d'échelles temporelles multiples en modélisation des écoulements, C. R. A.S. t. 286, Sci. Série. A, pp. 709-712.

75. **Launder B. E. & Rodi W.,** 1983, the turbulent wall jet measurements and modelling, Ann. Rev. Fluid Mech., vol. 15, pp. 429-459.

76. **Launder B. E., Reece G. J. & Rodi W.,** 1975. Progress in development of Reynolds stress turbulence closure, J. Fluid Mech., vol. 28(3) pp. 537-566.

77. **Launder B. E. & Shima N.,** 1989. Second moment closure for the near wall sublayer: development and application. AIAA Journal, vol. 27(10), pp. 1319-1325.

78. **Lesieur, M.**, 1994, La turbulence, Edp. Science, collection Grenoble Science.

79. **Levasseur V., Sagaut,P., Mallet M. & Chalot F.**, 2008, Unstructured large eddy simulation of the passive control of the flow in a weapon bay, J. Fluids Struct., vol. 24, pp. 1204–1215.

80. **Lighthill M.J.,** 1952, on sound generated aerodynamically. General theory, Proc. Of the Royal Society of London, A 211, pp. 564-587.

81. **Lighthill M.J.,** 1954, on sound generated aerodynamically II. Turbulence as a source of sound. Proc. Of the Royal Society of London, A 222, pp.1-32.

82. **Madi Arous F. & Mataoui A.,** 2008, prédiction des caractéristiques d'un jet plan pariétal par deux modèles de turbulences, 12ème journées scientifiques et pédagogiques, Faculté de Physique, USTHB.

83. **Madi Arous F., Mataoui A. & Terfous A.,** 2009, Influence des conditions amont sur les caractéristiques d'un écoulement turbulent Au dessus d'une cavité de rapport d'aspect égal à 10, Congrès Algérien de Mécanique, CAM Biskra.

84. **Madi Arous F., Mataoui A., Terfous A. & Guenaim A.,** 2011, simulation of a wall jet flow over a rectangular cavity, *Advanced Materials Research Journal (AMR), vol. 274, pp. 1-11.*

85. **Madi Arous F., Mataoui A. & Bouahmed Z.,** 2011, Influence of upstream flow characteristics on the reattachment phenomenon in shallow cavities, Thermal Science Journal, vol. 15(3), pp. 721-73

86. **Madi Arous F., Mataoui A., Terfous A. & Guenaim A.,** 2012, jet-cavity interaction – effect of the cavity's depth, Progress in Computational Fluid Dynamics Journal (PCFD), vol. 12, N°5, pp. 322-332.

87. **Matthews L.** & Whitelaw, J. H., 1973, Plane jet flow over a backward facing step, Proceedings of the Institution of Mechanical Engineers, vol. 187, pp. 447-454.

88. **Mardsen O., Gloerfielt X. & Baily C.**, 2003, Direct noise computation of adaptive control applied to a cavity flow. Comptes Rendus Mecanique, 331, pp. 423-429.

89. **Maull D. J. & East L. F.**, 1963, Three Dimensional Flow In Cavities. J. Fluid Mech., 16, Part 4, pp. 620-632.

90. **Mendoza J. M. & Ahuja K. K.**, 1995, The effect of width on cavity noise. Journal of Aircraft, vol. 14, n° 62, pp. 220-228.

91. **Menter F. R.**, 1994, A critical evaluation of promising models for aerodynamic flows, NASA, TM-103975.

92. **Miles J. W. et Lee Y. K.**, 1973, Helmoltz resonance of harbors, J. Fluid Mech., 67(3), pp. 445-467.

93. **Moon Y.J., Sung R.K., Cho Y. & Chung J.M.**, 2000, Aeroacousstic computations of the unsteady flows over a rectangular cavity with a lip. Third Computational Aeroacoustics (CAA) Workshop on Benchmark Problems, pp. 347-353.

94. **Moon Y.J., Seo J.H., Koh S.R.. & Cho Y.**, 2003, Aeroacousstic tonal noise prediction of open cavity flows. Computational Mechanics, vol. 31, pp. 359-366.

95. **Mudgal B.V., Pani B.S.**, 1995, Flow around obstacles in plane turbulent wall jets. Journal of Wind Engineering and Industrial Aerodynamics, 73, 193-213.

96. **Nallasamy M. & Prasad K. K.**, 1977, on cavity flow at high Reynolds numbers, J. Fluid Mech., vol. 79(2), pp. 391-414.

97. **Nait Bouda N., Schiestel R., Amileh M., Rey C. and Benabid T.**, 2008, Experimental approach and numerical prediction of turbulent wall jet over a backward facing step, International Journal of Heat and Fluid Flow, vol. 29, pp. 927-944.

98. **Neary M. D. & Stephanoff K. D.**, 1987, Shear layer driven transition in a rectangular cavity. Phys. Fluids, vol. 30, pp.2936-2946.

99. **Noger C.**, 1999, Contribution à l'étude des phénomènes aéroacoustiques se développant dans la baignoire et autour des pantographes du TGV. Thèse de Doctorat, Poitiers.

100. **Oka S.**, 1972, Flow Field Between two Roughness Elements in Developed Turbulent Chanel Flow. In Heat and Mass Transfer in Flows with Separated Regions and Measurement Techniques, Pergamon Press.

101. **Ooi G., Iaccarino & Behnia M.**, 1998, Heat transfer predictions in cavities, Center for Turbulence Research, Annual Research Briefs, pp. 185-196.

102. **Oshkai P., Rockwell D. & Pollack M.**, 2005, Shallow Cavity Flow Tones: Transformation from Large- to Small-Scale Modes, Journal of Sound and Vibration, vol. 280, pp. 777-813.

103. **Pan F. & Acrivos A**, 1967, Steady flows in rectangular cavities, J. Fluid Mech., vol. 28, pp. 643-655.

104. **Patankar S.V.**, 1980, Numerical heat transfer and fluid flow, Series in computational methods in mechanics and thermal sciences, hemisphere Publishing Corporation.

105. **Patel R. P.**, 1978, Effects of stream turbulence on free shear flows, Aero. Q., vol. 29, pp. 33-43.

106. **Plentovich E. B.**, 1990, three dimensional cavity flow fields at subsonic and transonic speeds. NASA, TM-4209.

107. **Plentovich E. B., Stallings Jr R. L. & Tracy M. B.**, 1993, Experimental cavity pressure measurements at subsonic speeds, Nasa Technical Paper, Technical report 3358.

108. **Prandtl L.**, 1925. Über die ausgebildete turbulenz, ZAMM, vol. 5, pp. 136-139.

109. **Prandtl L.**, 1945, Über ein neues Formelsystem für die ausgebildete Turbulenz, Nacr. Akad. Wiss. Göttingen, Math-Phys. Kl., pp. 6-19.

110. **Rajesh Kanna P., Manab Kumar Das.**, 2006, Numerical simulation of two dimensional laminar incompressible wall jet flow under backward facing step. Journal of fluids engineering, vol. 128, $N°$ 5, pp. 1023-1035.

111. **Ramane G., Envia E. & Bencic T, J.**, 1998, Tone noise and nearfield pressure produced by jet-cavity interaction, Nasa, TM-208836.

112. **Ramane G., Envia E. & Bencic T, J.**, 2002, Jet-cavity interaction tones. AIAA-journal, vol. 40, n°8.

113. **Rhie C.M. & Chow W.L.**, 1983, Numerical study of the turbulent flow pas an airfoil with trailing edge separation, AIAA Journal, vol. 21(11), pp. 1525-1532.

114. **Rockwell D., Lin J-C., Oshkai P., Reiss M. & Pollack M.**, 2003, Shallow cavity flow tone experiments: onset of locked-on states. Journal of Fluids and Structures, vol. 17, pp.381-414.

115. **Roshko A.**, 1955, Some measurements of flow in a rectangular cutout. NACA Technical Note, No. 3448.

116. **Rossiter J. E.**, 1964, Wind-tunnel experiments on the flow over rectangular cavities at subsonic and transonic speeds. Aeronautical Research Council Reports and Memoranda, Technical Report 3438.

117. **Rotta J. C., 1951a.** Statistiche theoris nichthomogener turbulenz I, Zeischrift für Physik, vol. 129(6), pp. 545-572.

118. **Rotta J. C., 1951b,** Statistiche theoris nichthomogener turbulenz II, Zeischrift für Physik, vol. 131, pp. 51-77.

119. **Sarohia Viendra,** 1975, Experimental And Analytical Investigation Of Oscillations In Flows Over Cavities" Thesis Doctor of Philosophy,California Institute of Technology, Pasadena.

120. **Sarohia,V. & Massier P. F.**, 1977, Control of cavty noise, Journal of Aircraft, vol. 14 (9), pp. 833-837.

121. **Schiestel R.**, 1974, Sur un nouveau modèle de turbulence appliqué aus transfets de quantité de mouvement et de chaleur, Thèse de Doctorat Es. Sc. Phys., Univ. Nancy I.

122. **Schiestel R.**, 1983, Sur le concept d'échelles multiples en modélisation des écoulements turbulents, Journal de Mécanique Théorique et Appliquée, Partie I, vol. 2(3), pp. 417 ; partie II, vol. 2(4), pp.601.

123. **Seeta Ratman, G. & Vengadesan, S.**, 2007, Performance of two equation turbulence models for prediction of flow and heat transfer over a wall mounted cube, International of Heat and Mass Flow, vol. 51(11-12), pp. 2834-2446.

124. **Shen, P.** Supersonic flow over a deep cavity for a laser application. AIAA Journal, 17(2), pp. 216-219, 1979.

125. **Sheryl M. G., Dewar W. G. & Wroblewski D. E.**, 2004, Experimental investigation of the flow characteristics within a shallow wall cavity for booth laminar and turbulent upstream boundary layers. Experiments in Fluids, vol. 36, pp. 791-804.

126. **Shieh C. M. & Morris P.J.**, 1999, Parallel simulation of subsonic cavity noise, AIAA Paper 99-1891.

127. **Shieh C. M. & Morris P.J.**, 2000, A parallel numerical simulation of automobile noise involving feedback, Third Computational Aeroacoustics Workshop on Benchmark Problems, NASA/CP-2000-209790, pp. 363-370.

128. **Shiestel R.**, 1983, Sur le concept d'échelles multiples en modélisation des écoulements turbulents, Journal de mécanique théorique et appliqué, partie 1, vol. 2(3), pp.417 ; partie II, vol. 2(4), pp. 601.

129. **Shiestel R. 2006**, Méthodes de modélisation et de simulation des écoulements turbulents. Paris : Hermès-Lavoisier.

130. **Shih S. H., Hamed A. & Y.& Yeuan J.J.**, 1994, Unsteady supersonic cavity flow simulations using coupled k-ε and Navier-Stokes equations, AIAA Journal, vol. 32(10), pp. 2015-2021.

131. **Shvets A.I.,** 2003, Investigation of a flow around cavities. Journal of Engineering Phyisics and Thermophysics, 76(6), pp. 1203-1212.

132. **Smagonisky J.,** 1963, General circulation experiments with the primitive equations, I. The basic experiment, Monthly Weather Review, vol. 91, pp. 99-152.

133. **Srinivasan S. & Baysal O.,** 1991, Navier-Stockes calculations of transonic flow past cavities. J. Fluid Eng-T ASME 113, pp. 369-376.

134. **Soemarwoto B.I.** & Koh, J.C., 2001, Computations of three-dimensional unsteady cavity flow to study the effect of different downstream geometries, AGARD RTO-AVT Symposium on development in Computational Aero-Hydroacoustics, Manchester, UK.

135. **Solignac J.L. & Corbel B.,** 1988, Étude des fluctuations de pression dans une cavité située en bordure d'un écoulement transsonique, Rapport technique 46/3188 PYA, ONERA.

136. **Taneda Sadatoshi.,** 1979, Visualization of Separating Stokes Flows. Journal of the Physical Society of Japan, 46, pp.1935-1942.

137. **Tennekes H. & Lumley J.,** 1972. A first course in turbulence. The MIT Press, Cambridge, Massachusetts.

138. **Vakili A. D. & Gauthier C.,**1994, Control of cavity flow by upstream mass-injection, Journal of Aircraft, vol. 31 (31), pp. 169-174.

139. **Van Doormal J.P. & Raithby G.D.**, 1984, Enhancements of the SIMPLE Methode for predicting incompressible fluid flows, Numer. Heat Transfer, vol. 7, pp. 147-163.

140. **Vardoulakis, S., Fisher, B. E. A., Pericleous, K. & Gonzales-Flesca N.** Modeling air quality in street canyons. Atmospheric Environment, vol. 37, pp. 155–182, 2003.

141. **Versteeg H**.K. & Malalasekera W., 1995, An introduction to computational fluid dynamics-the finite volume method, Longman Scientific & Technical.

142. **Vieser W., Esch T. & Menter F. R.**, 2002, Heat transfer predictions using advanced two equation turbulence models, CFX Technical Memorandum CFX-Val 10/0602.

143. **Vitale E.**, 2005, Analyse et contrôle des écoulements instationnaires décollés. Thèse de doctorat, Institut National Polytechnique de Toulouse, Spécialité : Dynamique des fluides.

144. **Wilcox, D. C.**, 1998, *Turbulence Modelling for CFD.* DCW Industries, Inc., La Canada, California.

145. **Yao H., Cooper R. K. & Raghunathan S. R.**, 2000, Incompressible Laminar Flow Over a Tree-Dimensional Rectangular Cavity. Journal of Thermal Science, vol. 9, (3), pp. 199-204.

146. **Zdanski P. S. B, Ortega M. A., Nide G. C. R. et Fico, Tr.**, 2003, Numerical study of the flow over shallow cavities, Computers & Fluids, vol. 32, (7), pp. 953-974.

147. **Zdanski, P. S. B, Ortega, M. A., Nide, G. C. R. et Fico Tr.**, 2006, Of the flow over cavities of large aspect ratios : A physical analysis, International Communication in Heat and Mass Transfer, vol. 33 (4), pp. 458-466.

Printed by Books on Demand GmbH, Norderstedt / Germany